本书由"上海市教委应用型本科试点专业建设——
风景园林专业建设资金"资助

城市绿地系统规划中的绿线规划

裘 江 著

中国林业出版社

图书在版编目(CIP)数据

城市绿地系统规划中的绿线规划 / 裘江著. —北京：中国林业出版社，2017.12（2024.8 重印）
ISBN 978-7-5038-8858-8

Ⅰ.①城… Ⅱ.①裘… Ⅲ.①城市绿地–绿化规划–研究–中国 Ⅳ.①TU985.2

中国版本图书馆 CIP 数据核字(2017)第 309899 号

中国林业出版社

责任编辑： 何增明　孙　瑶
电　话： (010)83143629

出版发行	中国林业出版社(100009　北京市西城区德内大街刘海胡同 7 号)
	https://www.cfph.net
印　刷	中林科印文化发展(北京)有限公司
版　次	2018 年 3 月第 1 版
印　次	2024 年 8 月第 7 次印刷
开　本	787mm×1092mm　1/16
印　张	11.5
字　数	245 千字
定　价	68.00 元

未经许可，不得以任何方式复制或抄袭本书之部分或全部内容。

版权所有　侵权必究

前　言

我国现已进入城市景观规划与城市绿地系统规划建设最受认可和最佳发展的时期。目前，国内外研究较多的是大范围的城市景观与生态环境，注重宏观上的控制与引导，但就城市绿地整体形态控制的研究不多，有关绿线的量化和指标化研究更需要进一步补充完善。

本书在参考分析了国内外一些研究资料与部分实例基础上，针对绿地建设与绿线控制管理中"有序"与"艺术"如何结合的问题，尝试通过相关分形—标度（Fractal-scaling）的理论对城市绿地系统规划中的绿地形态与布局进行量化与指标化的研究；在强调绿地系统规划空间形态模式的同时，提出城市绿地系统规划之绿线规划的编制控制导则和管理规范，希望能寻找到适合国内现阶段城市绿地系统规划中绿线控制管理的标准，保证城市绿线规划编制工作的科学性与可操作性。

首先，介绍了城市绿地系统规划相关理论与方法的发展过程，重点涉及国外绿地（绿道）空间形态和区划控制绿地等理论与方法研究的进展，以及国内绿线规划概念创新、现实需求和绿线规划管理工作的实践情况，以明确本书研究的针对性和目的性。

其次，总结了城市绿地系统规划相关理论研究，结合分形—标度理论在城市环境发展与城市规划中的运用，以厦门市城市绿地系统为例，阐明城市绿地系统空间结构具有分维与自组织优化的动力学特性以及绿地建设历史因素的重要性，以期达到根据城市绿化历史演变、现状空间发展和生态环境建设等多方面的时空标度要素，对城市绿地系统进行合理优化的空间布局和时间整合。——体现"合理的艺术"与"整体的有序"。

再次，通过论述城市绿地系统规划的控制功能与控制体系的研究，明确提出绿线规划的关联要素与开发控制机制，并在此基础上对绿线规划的内容与方法进行深入探讨，完成绿线规划的控制指标体系和设计导引等内容的编制标准和图纸要求，以及有关绿线规划的分析评估方法。——体现"有序的控制"与"艺术的管理"。

最后，通过三个规划实例的分析介绍，分别就大城市中心城区绿线规划、城市道路绿线规划和特大城市分区绿化绿线规划三方面的规划案例加以说明，以实现城市绿线规划在城市绿地系统规划各层面的控制管理和具体应用，为今后相关的绿线规划建设管理实践提供指导和范例。

  城市绿地系统规划中的绿线规划作为一种相对不成熟的规划方法，必须根据中国国情和各地的实际情况，有所创造，有所发展，才能逐步使城市绿线规划完善、成熟，成为具有中国特色的城市绿地建设管理手段。

裘江

Abstract

With the growing recognition of urban green space system planning, it is the best time for China to develop the construction of urban landscape and green space. Lots of research are placed too much emphasis on macro-controls of urban landscape and ecological environment. However, form-regulations and indexing of urban green space are necessary to be renewed and integrated with the times.

This paper focuses on the question how to combine "order" with "art" in urban green space planning. By indexing and quantification studying of urban green-land under consideration of some fractal-scaling theories, green-line zoning plan can be suggested to solve that question. The purposes of our research are to find an appropriate way to urban green space planning and development regulation, and to undertake scientific and operative green-line zoning plan. Our research can be summarized as follows:

First, the growing process of correlative theories and methods of urban green space system planning is described, involved with current greening line studies and practices.

Second, the fractal and scaling theories are introduced to illustrate the dynamic characteristics of two aspects of urban green space system, hierarchical multi-fractal and self-similarity, taken as an example of Xiamen urban green space system. Historical factor, time scaling, is another important perspective.

Descriptions of central place hierarchies proposed by Christaller are mathematically as several scaling laws. Using the data from Xiamen urban green space System, the fractal dimension of green-land spatial structure is calculated as follows, $D_f = 1.685$ for Yundanghu District, 1.481 for Zhongshanlu District, 1.732 for Huli District. The dimension of population distribution is estimated as $D_p = 1.852$. Self-organized criticality theory is employed to interpret the fractal structure of green lands as urban green space system, and the power laws are seen as signatures of feasible optimality thus yielding further support to the suggestion that optimality of the system as s whole explains the dynamic origin of fractal forms in nature. With fractal theory related the hierarchical structure and the dynamics of urban green space system can be analyzed. It is also possible to predict the course of formation of regional green spaces by means of integrating the allometric growth models and the RS data into geographical information systems. The study made of the spatial structure of the systems of urban green space in Xiamen maybe implies a sort of phase transition from a rural to urban green space system during the course of formation of regional green lands. This research demonstrates that the spatial structure of urban green space system can be characterized with multifractal geometry, and moreover, historic factors and growth transformation can be used to analyze the multifractal structure of urban green space system. In reference to spatial and temporal scaling such as urban green-land evolution, present green-space development and environment, urban green space can be optimized rationally in space placing and time integrating.

Third, it is the key and center of this paper, by discussing correlative elements and regulatory mechanism about urban green space system planning, compiling regulatory standards and indexing of green-line zoning plan—planning for urban green space boundary, and making assessment of green-line zoning plan. We can define classification and position of green space, in combination with topographical features, history, rebuilding old town, distribution of urban roads, ecological networks and so on, then work out plot number of green land use and establish coordinate settings. Regulatory standard system can be divided into green-land use regulation and capacity regulation. Regulatory indexes for green-land use include green-land use classification, plot area and orientations of land walk-in access, etc. Regulatory indexes for capacity include greening rate, maximum visitors capacity in green space, green plot ratio, parkway density and parking space. Another kind of regulation is design guidelines, including function and form of green space, planting types, landscape styles and color, etc. To reinforce implement and management of green-line zoning plan, funds and investment must be given a guarantee to "ordered control" and "artistic management".

Finally, through the analysis of three cases of green-line zoning plan, from metropolitan green space system to park system construction of small city, from downtown redevelopment of green space to greenway, this paper concludes that green-line zoning plan can be achieved in each level of urban green space system planning administration and practice. It can provide guidelines and examples for green-line zoning plan and management practice, then we can achieve to combine "order" with "art" perfectly.

目 录

前言
Abstract

上篇 理论与方法研究

▶ **第1章 绪 论 / 3**
  1.1 思绪的缘起 ·· 3
  1.2 研究背景 ·· 4
  1.3 研究的对象及内容 ·· 20
  1.4 研究的目的与方法 ·· 21
  1.5 小结 ·· 22

▶ **第2章 城市绿地系统规划基础理论与绿线概念 / 24**
  2.1 城市绿地系统规划的概念解析 ·· 24
  2.2 人类聚居学、人居环境学与景观三元论 ···································· 27
  2.3 城市绿地系统规划的工作体系 ·· 34
  2.4 城市规划中的绿线及相关其他概念比较 ···································· 36
  2.5 小结 ·· 41

▶ **第3章 城市绿地系统规划的分形—标度理论 / 42**
  3.1 分形与城市规划 ·· 42
  3.2 标度与城市绿地环境认知 ·· 50
  3.3 小结 ·· 57

▶ **第4章 城市绿地系统空间结构的标度定律与分形模型 / 59**
  4.1 城市绿地模型的部分数学抽象与理论推广 ································· 59
  4.2 城市绿地面积—城市人口异速生长模型分析 ····························· 65
  4.3 厦门市城市绿地系统结构的多分形研究 ···································· 67
  4.4 小结 ·· 72

第5章　城市绿地系统规划中的控制机制与绿线管理 / 74
5.1　城市绿地系统规划的控制功能 ………………………………………………… 74
5.2　城市绿线规划（绿地系统控制性详规）的特性及作用 ………………………… 78
5.3　绿线规划的关联要素与开发控制机制 …………………………………………… 81
5.4　小结 ………………………………………………………………………………… 84

第6章　绿线管理规划方法论——内容与编制 / 86
6.1　城市绿线规划的原则和特征 ……………………………………………………… 86
6.2　城市绿线规划的控制体系 ………………………………………………………… 89
6.3　绿线规划的工作内容 ……………………………………………………………… 91
6.4　居住绿地的绿线规划 ……………………………………………………………… 102
6.5　城市绿线管理 ……………………………………………………………………… 103
6.6　小结 ………………………………………………………………………………… 105

下篇　案例与实践研究

第7章　城市绿线规划评价分析及应用——以厦门市为例 / 109
7.1　城市绿线规划中的景观评价艺术与方法 ………………………………………… 109
7.2　城市绿线规划中的景观标度与有序性评价（厦门市筼筜湖地区）…………… 115
7.3　厦门市筼筜湖片区绿线规划 ……………………………………………………… 119
7.4　小结 ………………………………………………………………………………… 130

第8章　城市道路绿线规划 / 131
8.1　城市道路绿线规划的特点 ………………………………………………………… 131
8.2　城市道路绿线的研究 ……………………………………………………………… 133
8.3　城市道路绿线规划实例研究 ……………………………………………………… 135
8.4　小结 ………………………………………………………………………………… 145

第9章　特大城市绿线规划的实践——南京市的研究 / 146
9.1　特大城市绿线规划的特点 ………………………………………………………… 146
9.2　现状概况及存在问题 ……………………………………………………………… 147
9.3　规划依据及指导思想 ……………………………………………………………… 151
9.4　规划范围与目标 …………………………………………………………………… 152
9.5　规划内容 …………………………………………………………………………… 153
9.6　小结 ………………………………………………………………………………… 170

第10章　结　语——在实践中实现绿线规划"有序"与"艺术"的完美结合 / 171
10.1　绿线划定的基础条件 …………………………………………………………… 171
10.2　绿线规划实践中的一些误区 …………………………………………………… 172
10.3　影响绿线划定的主要外部因素及今后研究方向 ……………………………… 173

致　谢 / 175

上篇　理论与方法研究

第 1 章
绪　论

1.1　思绪的缘起

无论离开还是去往一个城市，总喜欢在飞机升起或落下的那一刻，由数百米的高度望去，大片的城区散落而无序的延伸着，虽然有种无奈的感触，但我从没觉得失望过，因为偶尔还有丛丛的绿色会隐现在迷宫般的灰色中。无序？我一直在想我们真正知道"无序"是什么吗？什么才叫做"有序"呢？

未曾到过欧洲的小城，不知道人们常说的那种宁静和闲适的感觉是怎样的；但我常常会沉湎在身处丽江和绍兴古老城区的美妙回忆中。蜿蜒的街道，或沿山势，或顺水溪，随处可见的绿，家家户户门前的花，我想这就是一种城市艺术吧，因为城市中流露出了这有生命力的绿色的美。是啊，为什么不把城市规划也当做是一种"艺术"的创作呢？所谓艺术与规范化的条款真的是不可调和吗？

图 1.1　无序的城郊结合部

众所周知，世界各国都越来越重视其自身的生存环境——生态环境，城市作为人类生活的主体也越来越重视其生态环境的改善，城市规划也已越来越重视城市景观生态与绿地系统的建设。在我国，随着经济的高速发展，各个城市也开始把其自身特色景观的塑造和生态环境的改善看做是城市建设发展的重中之重，可以说，中国已经进入城市景观规划与城市绿地系统规划建设最受认可和最佳发展的时期。

近年，国内的各种媒体和专业讨论中不断出现"生态城市""园林城市""生态住区""生态建筑"等诸多名词，相关专家学者也提出相应的标准、规范。国家有关部委在其基础上制定出相关标准，并在全国范围内进行创建"园林城市""环保模范城市"等活动，一定程度上推动了城市生态环境的改善。目前，国内外研究较多的是大范围的城市景观与生态环境，注重宏观上的控制与引导，但就城市绿地形态整体研究不多，更没有相关绿线的量化和指标化的控制研究。

从事城市规划及景观设计的专业学习与研究已有近 10 年了，期间笔者也跟随导师参与过不少实际工程项目，在进行编制某些城市道路绿地景观规划或其他城市绿地控制性详细规划时，总觉得无章可循，随意性较大，即使参考有关规范、文件，也总觉得相应的绿线退得不够，效果不明显，因此，想对城市绿地系统规划中的各层面绿线管理、规划做点量化和指标化的工作，在参考分析了国内外一些研究资料与部分实例的基础上，尝试通过相关分形—标度（Fractal-scaling）的理论对城市绿地系统规划中的绿线进

图1.2　古代的城市田园艺术

图1.3　生态的自然艺术形态

行指标化的研究，在强调绿地系统规划空间形态合理布局的同时，提出城市绿地系统规划之绿线规划控制导则和管理规范，希望能总结出一些有益的经验模式和有效的技术标准，指导国内现阶段城市绿地系统规划中绿线规划与控制。

也许经过以上的努力和摸索，可以解开我们心中关于"有序"与"艺术"的困惑，使二者在城市绿地系统规划中能达到和谐的统一，在有序的城市绿地系统中体现艺术，在绿色的艺术中使得城市的生命得以延续。

1.2　研究背景

城市绿化，是构筑与支撑城市生态环境的自然基础，是有生命的城市基础设施[1]。通过绿化建设，能改善城市的环境质量，保持人与自然相互依存的关系，为居民创造适宜的生活环境，美化城市景观，改善城市投资环境。

城市绿地系统规划是影响城市发展的重要专业规划之一，直接与城市总体规划和土地利用总体规划相衔接，是指导城市开敞空间中各类绿地的规划、建设与管理工作的基本依据。

我国现阶段正处于社会经济高速发展、城市绿地环境快速建设的时期，一方面城市的发展需要创造适合人居的绿地环境和城市景观，另一方面又需要以法律的形式保护已有的城市绿地。2002年10月16日，建设部制定并印发了《城市绿地系统规划编制纲要（试行）》（以下简称《纲要》）。《纲要》的出台，标志着我国城市绿地系统规划编制工作由"自由化"向规范化、制度化转变[2]。在《纲要》编制说明中，集中体现出两点新的核心任务——生物多样性（加强城市生态建设）和绿线划定（绿地系统控制性详细规

划)。其中又以绿线划定为当务之急。

以绿线管理为主的绿地系统控制性详细规划的研究,国内外相关资料较为缺乏,需结合城市规划中的控制性详细规划研究模式,通过国内的实例分析与操作,摸索总结出一套适合国情的可操作性强的绿地系统控制性详细规划。而本研究中有关城市绿地空间形态控制——"绿道"控制模式方法的研究,从城市绿地系统规划到城市设计等领域,涉及的理论及文献类型相对丰富,其中有相当多的国外先进理论、方法和实践经验是可以借鉴学习的。

1.2.1 国外相关理论与方法研究进展

国外城市绿地系统理论与方法研究中并无"绿线"这一概念,可以说"绿线"控制是带有中国国情特色的创新理念,但不是说国外就没有相关的理论研究,与绿线形态控制相对应的国外城市绿地系统理论是"绿道(greenway)"(或"绿带",green belt)理论。城市绿道是最早的也是相对最成熟的关于城市绿地空间形态控制的理论研究,以美国和西欧一些国家的绿道研究和实践为代表,城市绿道网络的相关课题探讨已成为国际上城市绿地系统理论研究最前沿的专题之一。

1.2.1.1 城市绿地系统规划的生态与空间形态研究及趋势

国外的城市绿地系统规划与现代城市景观规划和城市环境规划的发展密不可分。从霍华德(Ebenezer Howard)《明日的田园城市》中的有机分散和田园城市理论开始,生态性的景观规划与绿地规划研究逐渐展开。美国景观设计之父奥姆斯特德(Frederick Law Olmsted)提出了"Landscape Architecture"概念,并主张用城市公园系统改善城市环境;1890年其追随者埃利奥特(Charles Eliot)呼吁对处女林的保护,并被称为"波士顿大都会公园系统之父";二战后,麦克哈格(Ian McHarg)成为生态规划的倡导者,他于1969年出版的《设计结合自然》(*Design with Nature*)一书确立了当时景观规划的标准,为生态规划和设计提出了理论和技术基础[3]。20世纪80年代以后,景观生态学发展成为以"斑块-廊道-基质"模式为基础的景观格局理论。面对工业化和城市的迅速发展,生态性的景观规划研究几乎成为景观设计的主流。

美国现代规划设计学者埃克博(Garrett Eckbo)1950年所著 *Landscape for Living* 一书,强调"人"是景观服务的中心和最活跃的设计元素,"空间"是景观设计的最终成果;哈普林(Lawrence Harprin)在 *RSVP Cycles*、*Notebook of Lawrence Harprin*、*Take Part* 等著作中分析人们在景观中运动时的空间感受和其他感官的感受,认为设计不仅仅是视觉意象的建立,更重要的是使用者的参与。1975年,芦原义信著有《外部空间设计》一书,他在空间研究方面注重设计手法、空间要素及其与人的视觉相关性的研究。这些设计者与设计理论已经十分关注景观设计中的空间形态设计。

从对近现代景观发展和研究历史的回顾中可以看出,城市绿地系统规划和景观规划的发展离不开两条重要线索:生态线索和空间线索,两方面的研究始终贯穿在城市绿地与景观规划的实践中已是一个明显的趋势。在建设部制定并印发的《纲要》编制说明中,强调生物多样性正是加强城市生态性建设的体现;而绿线控制规划方法和绿道网络模式的提出也正是生态与空间两方面结合的良好对应。

1.2.1.2 国外类似控制性详细规划中的绿地控制

在国外与我国控制性详细规划比较相近的概念称为区划法、土地使用管理法等,其中都有专门针对城市绿地(或开放空间)建设的控制性条款和内容。

区划法起源于19世纪末期的德国,是在对城市用地类型进行详细划分的基础上规定用地的性质、建筑量及有关环境的要求,通过立法成为对用地建设进行控制的依据。经过近一个世纪的发展与实践,德国逐渐建立起一套比用地区划更为严格,弹性更小的城市规划与建筑立法体系。20世纪以后,德国城市规划法认为,除了道路以外,城市的开敞绿地以及为公共活动服务的建设用地也属于城市的公共利益,道路的宽度与其两侧建筑的功能和规模有直接关系,为了维护公共利益,要求对这些建筑及其周边绿地空间的功能和体量做出详细的规定[4]。

美国在引入德国的分区管理方法(即区划法)后,逐渐完善并得到了极大的发展。1916年的《纽约市区划法决议》被认为是第一个"全面分区控制法规(comprehensive zoning)"。1961年,纽约对区划法进行了全面的修改,增设了城市设计原则和设计标准等新的内容,增加了设计评审过程,使区划成为实施城市规划和设计的有力工具,这些标准中就包括空地率(Open Space Ratio,鼓励在一定的容积率下多留空地和绿地,制定比较合适的容量)和奖励区划(Incentive Zoning,规定开发者如果在高密度的商业区和住宅区内兴建一个合乎规定的广场,可获得增加20%的基地面积的奖励,奖励的容积率也可通过其他公益事业来实现)。此外,相关区划法还对环境容量等进行了指标控制。

英国城市规划体系中的开发控制相比用地区划要严格、复杂,对应于美、德区划法的规划层次是地方规划(local plan),属于在战略性结构规划指导下的实施性规划,其任务是制定未来10年详细发展政策和建议,包括土地使用、环境政策和交通管理等方面,为开发控制提供依据。地方规划主要包括三种类型:地区规划或总体规划(district plans or general plans)、近期发展地区规划(action area plans)和专项规划(subject plans),其中专项规划就是针对某一专题(如绿带和城市中的历史保护地区)的规划。另外,公众参与(包括一般公众、土地业主和开发商等)是地方规划编制过程的重要环节。

日本的城市规划法和建筑基本法共同构成日本城市规划建设的基本法律,其城市土地使用规划体系的核心部分是土地使用区划,它们将有关用地、建筑形体及周围环境关系的规划控制,称为"集团规划控制",其中包括多种最基本的具体规制。除最基本的规制外,还有一些为了创造更好的城市环境而设置的"诱导制度",其中的综合设计制度是以开放空间的形成和整理为中心,以改善市区环境、提高建筑设计的自由度为目的的诱导制度,其主要内容是:用地和开放空间的规模达到指定要求并且满足一定条件的设计方案,可以申请到相应的容积率、道路斜线和高度规制等方面的宽松政策。

我国香港特别行政区的规划体系中土地使用强度控制的内容并不多,土地使用的依据主要是分区计划大纲图(Outline Zoning Plan),它是介于次区域发展纲领和发展大纲图则之间的一个层次，也是香港城市规划唯一的立法图纸，在大纲图上标有各地块的用地性质。政府通过租让土地，由租约来控制土地的开发利用，即通过地契条款施行对城市具体地块的使用和权属管理，条款中的附加条件就涉及绿地的控制，要求地块内绿地的形式和设计要由政府审批，而其日常维护由业主负责。

可以看出，各国和地区的土地使用管理规划或区划都非常重视强调立法的控制手段，但对城市规划（设计）与城市立法结合并用的综合型控制应用不够，有待总结。

1.2.1.3　国外绿道规划理论沿革发展

绿道的概念"greenway"一词，首先由怀特（William H. Whyte）于1959年首先提出，但实际上从19世纪60年代开始，便已开始有意识地进行类似于绿道的大型绿地连接，美国是研究绿道最早的国家，从早期的连接（Linkage）、公园道（Parkway）直到目前的绿道网络规划（Greenways Networks），其间经历了很长的一个过程。

（1）早期的概念及其应用

◇早期的开放空间廊道（Open-space Corridor）

19世纪60年代初，奥姆斯特德指出线性开放空间可以提高绿地的可达性同时增强游人的美学体验，并在这一时期相继提出连接（linkage）和公园道（Parkway）的概念[5]。波士顿城市公园系统中的翡翠项链（Emerald Necklace）步道系统是奥姆斯特德最为出名的设计，该公园系统被公认是美国最早规划的真正意义上的绿道（图1.4）。它全长16 km，通过改造河流周边排水系统并重新加固堤岸以防止洪水泛滥，加强了该区域同"翡翠项链"周边其他区域的联系，从而为旅游与交通提供了方便。虽然这些措施并不是一个生态规划过程，但它为绿道的多功能使用建立了一个早期的模式。

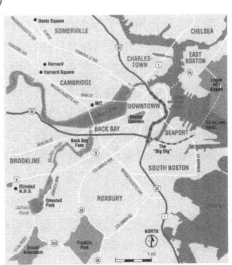

图1.4　波士顿"翡翠项链"步道系统

◇绿带（Green belt）

同一时期英国出现了一个相关的概念——绿带。1898年霍华德提出"田园城市"（Garden City）的概念，其中就涉及林荫道（Grand Avenue）的绿带形式，指出通过绿带将城乡分隔开来，以防止城市扩展。20世纪30~40年代绿带理论在欧洲初步形成，主要应用于限制大城市的蔓延[6]。第二次世界大战后，它转为引导城市有序扩张。绿带理论所覆盖的范围和法律保护依据，对欧洲城市绿地产生了巨大影响，至今英国政府仍一直沿用绿带进行区域城镇体系规划的控制[7]。1938年，英国议会通过了绿带法案（Green Belt Act）。1944年开始建设的大伦敦绿带环绕伦敦形成一道宽达5英里*的绿

---

*注：1英里≈1.6 km。

带，1955年又将该绿带宽度增加到6~10英里。英国"绿带政策"的主要目的是控制大城市无限蔓延、鼓励新城发展、阻止城市连体出现、改善大城市环境质量等，这些对于我国现今绿线规划与管理都有着非常重要的借鉴意义。

此后绿带的概念在美国的许多规划中也得以应用，并由美国区域规划师B.麦基（Benton MacKaye）进一步推动该概念的发展[8]。他认为，建立绿带的目的并不单单是控制城市空间的蔓延，其本身也具有综合性的内容，并提出由绿条（spokes of green）来对城市进行分隔，其主要功能之一就是游憩。可以说，正是麦基整合了绿带概念与早期公园道、城市开放空间廊道的各相关要素，将绿带的功能多样化和综合化。1921年他主持规划了著名的阿巴拉契亚（Appalachian）游步道，他并没有简单地把它看做是单纯用来徒步旅行用的步道，而是在兼顾为徒步探险旅行者提供原始通道的同时，努力建成一个横贯美国东海岸的区域性开放空间系统。

（2）生态方法的引入及对河流保护的重视

麦克哈格在《设计结合自然》一书中提出，应根据景观各部分的相关生态价值和敏感性对土地使用进行系统化规划，强调生态规划方法，运用透明图层叠加法（叠置法），确定各类土地用作不同开发目的、不同开发强度及保护的相对适宜性。20世纪60年代早期，威斯康星大学教授P. H. 刘易斯（Philip H. Lewis）指出土地保护时重视生态特征的重要性[9]。他使用透明图层叠加法对各自然资源信息进行重叠分析后发现——景观资源大多集中在河道两侧及地形变化明显的区域，他将该线性区域称之为环境廊道（environmental corridors）。通过此方法他对伊利诺斯和威斯康星两州的州级层次和跨越州际的廊道进行系统的规划，为这两个州以后的绿道规划奠定了基础，并使之成为其绿地系统的特色之一。

自20世纪60年代起，日益严重的水污染问题逐渐引起了广泛的公众关注，重塑河道水质及水生物栖息地，成为政府机构的重要考虑内容，为此，美国出台了一系列相关法案对河流进行保护[10]。1968年出台的"国家自然及风景河流法案"（National Wild and Scenic Rivers Act）标志着河流的保护已经成为国家环境政策的一部分。该法规的实施保护了125条河流或部分河段，并带动河岸周边区域的保护，从而极大丰富了全美区域绿道系统建设。同时美国各州也有相关法规条例的出台，如缅因州"滨岸土地区划法案"（Shore-land Zoning Act）中就对河岸的保护标准进行规定，该法案规定河塘与湖泊沿岸需要留出76 m宽的绿地，而小溪两岸则需要23 m宽。尽管这些法规法案并没有对建立滨水绿道做出直接硬性的规定，但却推动了绿道实践的蓬勃开展。

（3）绿道作为开放空间保护战略

20世纪80年代以来城市绿地系统各个层次的开放空间用地流失严重，人们对户外游憩用地需求却不断增加，因此兴起了绿地系统开放空间保护的热潮。城市的发展使得土地价格持续上升，但国家对开放空间保护的资金却严重不足，城市绿地系统开放空间的保护已成为许多国家亟待解决的一大难题。城市绿道所需的用地面积远较传统的非线性公共绿地要少且成本较低，因此，在大面积游憩绿化用地难以得到保证的情况下,绿道成为解决该问题的一大对策。绿道作为开放空间保护及游憩项目开发的趋势逐渐为美国总统委员会(President's Commission)所认识,并于1985年委派户外空间委员会(Commission on American Outdoors)研究美国当前的开放空间与游憩活动现状。该委员会提出了一个开放空间保护和游憩项目的框架,并认为需要建设一个国家绿道系统,以达到开放空间保护与游憩项目开展的双重目的。

(4) 欧洲及其他国家绿道研究

同一时期欧洲一些国家的绿道研究也取得了一定成效。例如,T. 特纳(Tom Turner)1987年提出六种开放空间理论模型,在针对大伦敦的绿色发展战略中,结合C. 亚历山大(Christopher Alexander)的模式分析方法。他指出绿道是一个不错的市场术语,但由于产品具有多样性和差异性,因而需要个别的种类多样的绿道相应地服务于个别的市场目的。最终,他归纳出城市内绿地的七种模式(Model G):公园、绿道、蓝道、玻璃廊道、空中廊道、生态廊道以及自行车道等[11]。

日本在绿道方面也有一些实践(如大阪"地下街道绿化项目"[12]等),在1972年的城市公园整备五年规划中就有过"绿道"的提法(如"规划1972~1976年绿道建设事业费为12,200万日元")[13],日本园林绿地分为三种:自然公园、国营公园和城市公园,绿道是相对独立于这三种绿地分类之外的(表1.1),但并未就绿道的具体定义和建设规划加以说明,相关论著资料也很少;该国对于城市森林的研究显然投入更多,如在20世纪80年代创立国际森林文化大学,开始实施"空中森林计划"[14],并于1991年开始兴建10座森林城[15]。

表1.1 日本城市公园类型

分 类	细 分 类
居住区主要公园	儿童公园
	近郊公园
	地区公园
城市主要公园	综合公园
	运动公园
特殊公园	风致公园
	动植物公园
	历史公园
	墓园
大型公园	区域公园、休养公园
国营公园	
缓冲公园	
城市绿地	
绿道	

资料来源:参考文献[16]。

有"花园城市"之称的新加坡,其城市规划编制中专门有一章"绿色和蓝色规划",相当于我国的城市绿地系统规划。新加坡于1978年组织成立了"花园城市行动委员会",由国家发展部属下的各部门单位的主要负责人组成,每月开会一次,根据环境美化需要制定新计划和方法,由国家公园康乐局付诸实施,成立不久他们就制定并开展了名为"美化都市"的长期绿化建设运动,其间尤为强调道路绿化的建设,规划指导方针的第一条就是:"每一条巷道必须种植花草树木。"[17]20世纪90年代初,花园城市建设由政府行为转化成民众意愿,并将每年11月第一周定为全民"清洁绿化周"。自此新加坡以绿色通道连接公园和绿地,形成一条自然的草木走廊,扩大公园功能范围[18],同时将农地、林地和沼泽地等与城市绿地相互渗透,占国土面积一半以上。

(5) 绿道网络发展趋势

20世纪90年代以来人们开始认识到,单独分散的绿道并不能达到良好的生态效果,绿道网络系统(Comprehensive Greenways Networks)所带来的生态和社会功能效应往往会更为显著。因为随着景观生态学的发展,人们逐渐发现应当强调水平生态过程与景观格局之间的相互关系,研究多个生态系统之间的空间格局及相互之间的生态系统,包括物质流动、物种流、扰变的扩散等,并用一个基本的模式"斑块－廊道－基质－网络"来分析和发展景观生态规划模式。因此,从20世纪90年代起,对零散的绿道进行系统连接的趋势开始盛行,并成为未来绿道规划设计的方向。美国在这方面已经有了一定的起步,如新英格兰地区六个州的绿道规划基础较好,已开始尝试建立整个地区层次的绿道网络系统(Systems of Greenways)。

1.2.1.4　相关重要论著和文献资料

(1)《美国的绿道》(Greenways for America)

著名环境学家C. 莱托(Charles E. Little)在1990年出版的《美国的绿道》是公认的绿道研究领域中最具影响力的论著[5]。该书就绿道的概念定义、功能分类、发展历程及生态设计原则等进行了全面而系统的论述,认为绿道是连接公园、自然保护区、风景名胜、历史古迹之间,并连接它们与高密度聚居区之间的开放空间纽带,是保证各类绿地之间环境物质流动的生态通道。他把绿道定义为自然走廊或线型开放空间等所有景观线路,并根据形成条件及功能把绿道分为五类:城市河流型、游憩型、自然生态型、风景名胜型和综合型绿道系统和网络。

(2)《绿道生态学》(Ecology of Greenway)

绿道研究经典著作《绿道生态学》的作者D. S. 史密斯(Daniel S. Smith)和P. C. 海尔蒙德(Paul Cawood Hellmund)在书中对绿道生态设计方法进行了非常详尽的阐述,并通过一系列设问及对该问题的回答来为具体的绿道项目确定框架[19]。该方法关注的内容主要是保护水资源、保护生物多样性、提供游憩机会等,将设计过程分为四个阶段(了解景观背景、确定项目目标并粗定线胚、确定绿道的边界、创作与实施场地设计及管理方案)[20],并采用减法的方式明确目标,找出对项目有用的信息,强调绿道尺度是最关键的问题。

(3)《环境廊道研究》(*Environment Corridor Study*)

1976年，美国佐治亚州自然资源规划研究部办公室委托K.道森等人编制并出版了《环境廊道研究》(K. J. Dawson, W. Munnikhuysen and R. Roark, 佐治亚州自然资源规划研究部办公室，亚特兰大)，该研究报告着眼于州域的绿道网络系统，并对绿道的功能展开调查，研究过程中结合其固有的价值(自然资源、环境质量和美学价值)和外在的价值(居民使用、可达性、市场需求和利用)，提出应当优先保护绿道。由政府官员J.卡特(J. Carter)发起的遗产信托投资计划(Heritage Trust)组织考察并保护相关土地通行权、土地区域划分和土地直接获得权，希望"到1994年将获得自然地域、公园、绿道及其他荒地"，最终征得近40万公顷的土地。同时更新佐治亚州步行系统廊道的研究和绿道规划[21]。

(4)*Landscape and Urban Planning*(城市绿道研究专题1995)

1995年国际城市规划研究权威期刊《Landscape and Urban Planning》(Vol. 33, Nos. 1~3)就城市绿道运动展开了迄今为止最具综合性的专题讨论，并在1996年再版成书。该专题由25篇论文组成，研究内容涉及绿道及其起源、绿道的规划与设计、绿道的评价体系以及绿道的管理等，为绿道研究的相关学者和从业人员提供了交流的平台，推动了城市绿道规划理论的进一步发展和完善。其中较重要的文章有"Greenways and the US National Park System"(E. H. Zube)、"A comprehensive conservation strategy for Georgia's greenways"(K. J. Dawson)、"The evolution of greenways as an adaptive urban landscape form"(R. M. Searns)、"From greenbelt to greenways: four Canadian case studies"(J. Taylor et al.)、"Greenways, blueways, skyways and other ways to a better London"(T. Turner)等。

目前，绿道的研究越来越注重多学科的交叉，主要涉及绿道的结构与功能研究，以及管理决策与市民参与等方面的开发。结构与功能方面研究内容包括：绿道规划中的生态资源和自然保护；绿道规划的游憩文化和视觉价值。研究内容主要从理论探讨、规划策略和方法，到多种尺度和景观背景环境的规划目标的研究，具体涉及绿道空间及植被分布特征的介绍与分析，不同空间地域、不同范围尺度的规划设计实践以及理论与方法的探讨，绿道生物多样性研究。研究方法中贯穿其中的基本方法是景观生态学方法，整体分析方法、图层叠置法以及GIS技术在不同研究层面也有所应用，绿道适宜性分析方法目前尚处于应用性研究阶段。

1.2.2 国内绿线规划相关研究背景与实践发展

1.2.2.1 政策发展背景

在我国，城市绿地系统规划的编制工作相当长时期停留在考虑如何"见缝插绿"的模式上，把实现绿地面积指标当成是完成任务，特别表现在"建筑优先"的思维与工作方式上：绿化用地指标十分紧张，绿地经常被规划师用作填充"不宜建筑用地"和建筑物之间的空地，很难形成科学合理的城市绿地系统。绿化用地在与其他城市用地的"争地"过程中，往往节节败退、处处避让，以致最终无法有效保证足够的绿地建设，造成绿化用地控制失常或无序的局面。

近几年城市规划事业得到了快速全面的发展，城市绿地系统规划受到相当程度的重视。城市绿地系统规划已不再是城市总体规划编制中的附属品或专项规划的身份，它开始成为相对独立的重要城市规划内容来研究和编制，同样具有完整的体系规划特征，着眼点从城区绿化规划扩展到市域背景规模尺度的研究，并逐步出现加强绿地系统区域整体性研究的趋势。尤其是2001年5月国务院发布了关于加强城市绿化建设的通知以来，国内各大、中城市掀起了继园林城市评比活动后又一次城市绿地系统规划编制工作的高潮，城市绿地系统规划内容更加侧重宏观调控以及局部地段的细化控制规划。

2001年《国务院关于加强城市绿化建设的通知》中指出："城市绿化是城市重要的基础设施，是城市现代化建设的重要内容，是改善生态环境和提高广大人民生活质量的公益事业。""改革开放以来，我国的城市绿化工作虽取得了显著成绩，但总的来看，绿化面积总量还不足，发展还不平衡，绿化水平还比较低。因此，要增强对搞好城市绿化工作的紧迫感和使命感。""到2005年，全国城市规划建成区绿地率达到30%以上，绿化覆盖率达到35%以上，人均公共绿地达到8 m^2 以上，城市中心区人均公共绿地达到4 m^2 以上。到2010年，上述指标分别达到35%、40%、10 m^2 和6 m^2 以上。要大力推进城郊绿化，特别是要在特大城市和风沙侵害严重的城市周围形成较大的绿化隔离带和城郊一体的城市绿化体系。"[22]要实现以上目标，首先要加强和改进城市绿化规划编制工作，建立并严格实行城市绿化"绿线"管理制度，明确划定各类绿地范围控制线。

2002年10月16日，建设部制定并印发的《城市绿地系统规划编制纲要（试行）》中虽然没有明确提到绿线及相关要求，但在编制说明城市绿地系统规划主要任务中指出，要"科学制定各类城市绿地的发展指标，合理安排城市各类园林绿地建设和市域大环境绿化的空间布局"[23]。显然已把城市绿化用地的控制与绿线的划定当做今后城市绿地系统规划的核心任务之一。

同年9月9日建设部第63次常务会议审议通过《城市绿线管理办法》（简称《办法》），并自2002年11月1日起施行。《办法》要求规定城市各类绿地的控制原则，按照规定标准确定绿化用地面积，分层次合理布局公共绿地，确定防护绿地、大型公共绿地等的绿线[24]。同时强调"城市绿线内的用地，不得改作他用，不得违反法律法规、强制性标准以及批准的规划进行开发建设。"《办法》的颁行给予城市绿线管理规划以法律的支持，但如何操作实施绿线控制性详细规划并没有明确规定，这正是本课题将研究的主要内容之一。

建设部部长汪光焘在2004年全国建设工作会议上要求加强对全国城市规划编制工作的指导，"各地要将规划区内基本农田、紫线、绿线、蓝线、黄线等规划的强制性内容在规划图纸上详细标明"，"提高控制性详细规划的质量，进一步引导科学合理地开发利用城市土地，加强城市绿地、自然地貌、植被、水系、湿地等生态敏感区域保护"[25]。该会议使得绿线划定的重要性和迫切性得到进一步的体现,笔者认为,可以就此正式提出城市绿地系统规划中的"城市绿地控制性详细规划"的这一概念,这也是加强开展相应规划工作的一个重要信号。

1.2.2.2 相关规划研究进展

我国城市绿地系统规划的研究发展主要从20世纪80年代至今,其研究范围涉及城市绿地系统的分类、相关概念、评价指标体系、生态效益、学科交叉以及管理机制和政策等诸多方面,已有相对成熟的理论与方法研究。但也许由于城市绿地系统规划中"绿线"的明确提出和着重要求只是近几年的事情,现阶段有关绿线的研究论文非常少,可以说现有的绿线理论研究水平与其"当务之急"的地位极不相称。可是目前各地规划部门的绿线制定工作却并没有停滞不前,依然开展得有声有色,这种方法研究与实践操作相脱节甚至不同步的现象是很不正常的,需要进一步的改观。

虽然现阶段国内绿线的理论研究文献不多,但之前还是有过相关的探讨和论述。如1999年同济大学刘滨谊教授在其著作《现代景观规划设计》中,对带状空间场所规划设计作过介绍,并提出"物质构成的三大要素"的概念,即"蓝色,偏重于水与天空;绿色,偏重于动植物;可变色,通常情况是混凝土,也可以是自然的土地——棕色,或者是表现性很强、适合旅游的景观"[26],并指出绿地形态控制的重要性。同一时期广州市政园林局李敏博士著有《城市绿地系统与人居环境规划》一书,运用生态学原理比较系统地论述城市绿地系统规划的研究理论与方法,并在2002年出版的《现代城市绿地系统规划》中对城市绿线管理的基本要求和地块规划进行过简要描述,认为在无成熟经验可供借鉴的情况下,"可以参照城市详细规划中常见的用地细分和属性管理方法"[27],进行绿线地块控制规划,但并未就此作深入论述。上海市园林局乐卫忠总工程师于1994年结合上海市园林绿地建设提出"综合开发"的概念,指出综合开发可以保证园林绿地多渠道的建设投资来源和建立经济上的自我循环机制[28],并对绿地建设的经济控制要素进行了一定的探讨。同济大学李锡然在论及城市无障碍绿色步行系统时,也提到过"绿线控制"的概念和立法制定绿线的内容[29]。总的来说,当前国内城市绿线规划的研究论著数量少,也不够深入,还没有出现能得到业内广泛认可的论文和著作,以作为各方进行绿线规划实际操作的依据和范本。

2001年南京市规划设计研究院先后编制了南京市主城区的绿线、紫线、蓝线等规划,对相关的城市用地强制性边线规划做出了一定的方法与实践探索,成效还是颇为显著的。在"南京市城市绿化绿线规划(2001—2010)"中,详细规定各类城市建设用地中的绿地控制指标和其他绿地规划管理要素,建立起覆盖南京主城区详尽的规划图则和文本,提高了城市绿地系统规划的可操作性,获得了不错的反响。

从上面的综述可以看出,虽然国内的确很少有关于绿线专题研究论文的发表,但各地规划设计研究院与部分高校针对绿线规划的实践却有所开展,方兴未艾。

1.2.2.3 国内各地绿化建设之绿线实践

(1) 上海

上海市近7年以来连续大规模地推进城市绿化建设，仅从1998—2002年这5年时间里上海绿化建设总量已超过了新中国成立以来的绿化建设总和。上海这种大规模快速建绿在世界上也是罕见的，其绿地建设力度和取得的成绩让国内外所有人都为之震惊。2003年上海城市绿地率达34.51%，绿化覆盖率35.78%，人均公共绿地面积超过9 m^2，2004年2月被建设部正式授予"国家园林城市"的称号（表1.2）。上海已在2010年上海世博会期间基本建成生态型城市，城市环境质量达到同类型国际化城市的水平，即"与现代化国际大都市相适应的，生态环境良性循环，社会、经济、环境协调发展，物质、能量、信息高效利用的生态型城市"[30]。

但通过仔细观察，就不难发现2003年以前的上海绿地建设以政绩性工程居多。2003年上海绿化卫星遥感图显示，上海市中心城区绿化量仍然明显不足，个别地区的绿化覆盖率仅为9.3%，绿化覆盖率最高的是陆家嘴地区28.60%[31]。随着近年相继建成的一大批公园绿地，进一步提高了中心城区绿地布局的均衡度，到2004年底已完成了中心城区内环线以内公共绿地500 m服务半径布局计划，即市民走出家门500 m就有一块3000 m^2以上的公园绿地。规划到2005年底，上海城市绿化覆盖率将达到37%，绿地率为32%，人均绿地面积达到25.9 m^2，人均公共绿地面积11 m^2，中心城区人均公共绿地能达到8 m^2。

表1.2 上海市区建成近年绿地指标统计表

年 度	中心城绿化覆盖率（%）	人均公园绿地（m^2/人）	备 注
2002	27	7	两项指标均已超过东京
2003	35	9	
2004	36	10	
2005	37	11	中心城区绿地率达32%，人均绿地达25.9 m^2/人

资料来源：相关文献数据收集。

在构建城市绿地系统"环、楔、廊、园、林"的规划框架中，"一纵两横"的生态景观廊道和外环线环城绿带是重中之重。黄浦江和苏州河两岸的景观绿带已初具规模，而以中心城区延安路为核心的绿色景观廊道，西起青浦大观园、东至浦东机场长达87 km，将是今后上海市城市绿线规划的重点区域，具有一定的挑战性。同时自2002年起，通过绿地项目股权转让、社会企业认建认养等多种渠道和模式分阶段、分区域地进行外环线400 m宽环城绿带的建设，为城建公共项目由政府单一投资主体转变为市场多元投资主体机制进行了非常有意义的尝试，是对绿地建设项目投资、融资、建设、管理市场化运作机制进行的具有上海城市特色的探索。上海城市绿化从数量型向质量型转变，形成了特大型城市绿化建设的特点，为全国城市绿化建设提供了宝贵经验。

实际上由于以往不重视城市绿地系统规划,上海市没有预留控制出绿化建设用地和空间,如今迫不得已斥巨资拆房建绿,这是上海市同样也是其他城市应吸取教训。2003年上海在继续大规模推进绿化建设的同时,明确提出要尽快划定绿地建设的"绿线",并进行了一定的实践,确立了绿化建设的合法地位。围绕城市发展重心的转移,积极调整上海城市绿化建设规划,明确各阶段的实施重点和实施步骤,划定"绿线",明确一些公共绿地属性,使"环、楔、廊、园、林"的绿化建设规划真正落实到每个地块,任何单位和个人都不得擅自改变其用途。

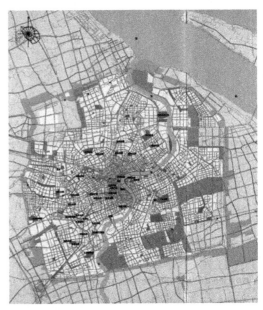

图1.5 上海市城市绿地系统总体规划
(2001—2020)

虽然上海绿化建设中实际操作的绿线专项规划很少,但跨过控制性详细规划这一层面的绿地规划建设还是取得了世人瞩目的成就,可这毕竟不是长久之计,要全面而持续地加强城市绿地规划建设就一定要坚定落实针对绿线的控制性详细规划,这样才能划定"绿线"并有效地控制土地,制定出科学合理的绿地系统规划,为上海市区绿地建设的可持续发展真正起到控制与引导的作用。

(2)北京

近年来,北京城市绿地系统规划建设的重点放在城市隔离地区绿化、城区大型绿地、城市道路、水系绿化等方面,取得了不俗的成绩和进展。到2000年,北京城市建成区绿化覆盖率达到36%,人均公共绿地面积为8.68 m^2,人均绿地面积为33.32 m^2。北京固有的古都城市格局赋予其城市绿地系统极具特色的绿地结构布局:"绿色景观环带"——二环路沿线的"绿色城墙",加上"十字景观绿轴"——长安街和南北中轴线及其延长段,这样的框架结构非常有利于形成系统完整、结构合理的中心城区绿地布局。但实际情况却是,北京城市绿化水平在已有"国家园林城市"中只处于中等水平,绿地布局不科学,中心城区绿地少且公共绿地分布不均,公园容量常常超负荷。尤其表现在城市绿化用地空间不断被蚕食,以最具北京特色的城市绿化隔离带为例,在规划用作绿化隔离带的用地内,改作其他建设用地的情况目前已经占到50%还多,使得规划绿化隔离绿地无法构成完整的绿带,只能成为绿楔,大大减少了北京抵御周边风沙的能力。由此可见,北京城市绿地建设必须加强用地控制,绿线制定迫在眉睫,尽快全面完成所有城市绿地的绿线划定和钉桩、公示工作,是确保规划和现有绿地不被破坏的关键。

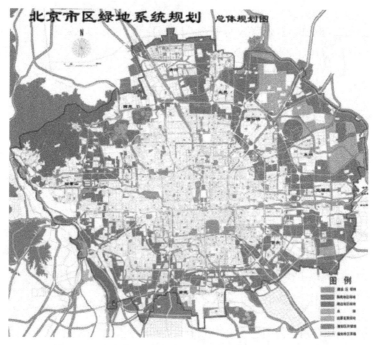

图1.6 北京市区绿地系统总体规划图(2001—2020)

从2003年开始,北京市相关规划部门启动城市绿线规划,指出城市绿线规划是在在北京城市总体规划基础上,进一步细化市区规划绿地范围的界限。绿线划定的原则是打通和完善二环"绿色城墙""十字景观轴线"、主要风景线和城市景观线,恢复天坛原貌、恢复永定门及中轴绿地、公共绿地500 m服务半径全面覆盖。规划要求:绿线划定后,各区进行绿地调整时,调整后的绿地总量不能减少,各层次区域内的绿地量也不能减少;划入绿线的地区,局部调整后的每块绿地的面积不能减少,绿地性质不能变,地块形状要和绿地性质相符,特别是游憩绿地,要保证有一定的活动空间;带状绿地宽度不能少于原规划绿地宽度。以上种种规划要求虽然具体,但可以看出只是临时性质的措施,并没有拿出真正有效的、完整的、系统化的城市绿线规划。

(3)南京

南京充分利用其山水环境、历史文化名城及中心城优势,在2002年开展了"绿色南京"工程,将森林引入城市。2003年,南京市中心城区绿地面积达到17100 hm^2,绿地率39%,绿化覆盖率43%,人均公共绿地面积9.51 m^2,在全国省会城市中位于前列。

2001年南京市规划设计研究院就编制了"南京市城市绿化绿线规划",规划中把中心城分成东、西、南、北、中五个片区,详细规定各类城市建设用地中的绿地控制指标和其他绿地规划管理要素,建立起覆盖南京主城区的详尽的规划图则和文本。该绿线规划取得了不错的效果,可以说南京是国内较早开始绿线规划研究与实施的城市,本书将在案例与实践研究篇中对其做较为详尽地介绍。

第1章 绪论

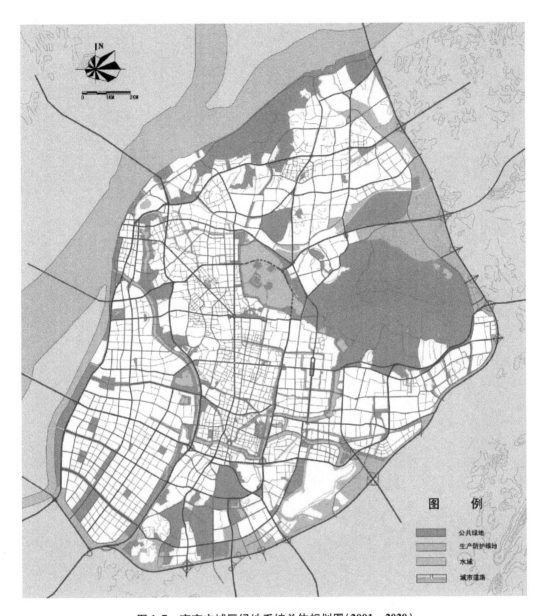

图1.7 南京主城区绿地系统总体规划图（2001—2020）

(4) 厦门

作为国内为数不多的"国际花园城市"，厦门有着得天独厚的自然山水条件，优美而独特的"山、海、湾、岛、城"的绿色风光要求其绿地系统格局也必须达到相当的高度。为此，从2001年起，厦门进行了新一轮大规模的城市绿地系统规划建设。到2003年，厦门市城市建成区绿化指标保持稳步增长，绿化覆盖率达到36.06%，绿地率为33.74%，人均公共绿地面积为13.35 m^2。

2002年厦门市城市规划设计研究院与同济大学风景科学研究所共同编制了厦门城市绿地系统规划，其后又分别制定了城市建成区重点地段绿线控制性详细规划，笔者

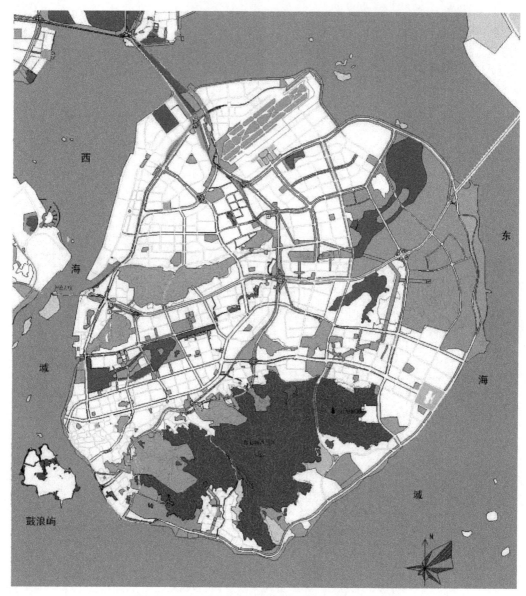

图1.8 厦门本岛绿地系统总体规划图(2001—2020)

有幸能在导师指导下全程参与其编制工作。该绿线规划涉及筼筜湖片区、中山路片区、湖里片区和莲前东路片区等共四个片区,这四个片区是厦门本岛建成区内最具代表性的路段,既有行政金融旅游休闲中心区、商贸文化旅游旧城区,也有工业新区和以商业会展居住功能为主的城市新区,这些绿线规划的制定对城市绿地进行了全面的"定量、定性、定位、定界",并在充分保障现有绿化成果的基础上,完善各自片区的绿化系统结构。虽然部分绿线规划未能得到进一步地实施,但它们还是为厦门城市绿地系统规划的完善与细化工作做出了有益的尝试。在本论文案例与实践研究篇中亦有相关详尽地介绍。

自 2003 年起，除上述几个城市以外，全国其他各大中城市均相继开始贯彻"城市绿线管理办法"，着手进行绿线划定工作，但多数地方并没有把绿线规划上升到城市绿地系统控制性详细规划的层面，因而无法形成科学合理的、完整的城市绿地系统，以对城市绿地建设进行真正有效的控制，绿线规划的探索与实践仍需继续深入开展。

1.2.3 问题的提出

通过国内外的城市绿地系统绿线规划及形态控制理论（绿道）的研究分析与实践操作比较，不难有如下的发现。

国外（以美国为主）基本上是以大尺度范围的绿地空间结构特征和政策实施为主，对于具体的绿线规划控制指标和规划导则的制定相对研究较少，或许是由于相关研究信息无法及时、方便地进入国内专业领域并被业内人士所知，可供参考借鉴的具体案例与方法不多，只能结合我们的国情特色与城市绿地系统规划发展的情况自己摸索。

而国内当前城市绿线规划方面的理论与方法研究，无论从研究的深度还是广度来说都还远远不够，具体表现为专题论文数量少，理论研究进展不大，各地绿线规划实践多只停留在绿线管理办法和初步的控制阶段，显得不够全面，不够深入，基本无章可循，随意性较大，可操作性不强，迫切需要制定出一套适合当前形势的城市绿地系统绿线规划编制规范。

毫无疑问，现在已经不需要讨论"到底要不要制定绿线规划"，可以肯定地说编制绿线规划势在必行，而且要尽可能快地拿出规划方案并把规划落到实处，越早制定就越能有效地控制绿地被不断蚕食或被挪作他用的现象发生。如今是绿线规划研究的起步阶段，还是存在很多需要解决的问题。

首先是绿线规划的概念，即解决"what"的问题。什么是城市绿地系统绿线规划？什么是城市绿地空间形态控制？与城市控制性详细规划的区别在哪里？与城市绿地系统规划的衔接及关系怎样？

其次是制定规划的原则，即解决"when"和"where"的问题。绿线规划的用地原则和划定原则分别是什么？绿线规划有时间年限吗？与历史延续的衔接问题（时间标度），形态控制与绿线规划的关系问题（空间标度）等等。

最后是绿线规划的方法操作，即解决"how"的问题。如何进行绿线规划与管理？什么是绿线管理的关联要素？怎样制定绿地控制指标和设计图则？绿线的分类及其在各个层面的绿地系统规划中的应用等等一系列的问题。

以上诸多问题，笔者期望能够通过本书的研究逐一解答。

1.3 研究的对象及内容

过去国内的绿地建设往往处于非常被动的境地，在与城市其他用地的"争地"过程中节节败退、处处避让，以致最终无法有效保证足够的绿地建设，造成绿化用地控制失常或无序的局面。

《城市绿线管理办法》颁布施行已有3年,城市绿线规划如何实施,目前各地城市规划部门与其他相关机构均在探索之中,尚无成熟的经验可供借鉴和总结。可以参照城市控制性详细规划中常用的用地细分和属性管理方法,提出相应的城市绿地管理地块,并把它作为规划绿线的控制对象。

在具体的规划编制过程中,应根据城市绿化历史演变、现状空间发展和生态环境建设等多方面的时空标度要素,结合运用分形—标度理论、城市绿地景观视觉分析评价、城市绿地形态控制模式等多种方法,对规划期限内城市建成区规划建设的城市绿地进行合理的空间布局和时间整合;并参照以往城市规划管理部门所控制预留的绿地地块,对各类规划绿地逐一进行编码,划定绿地边界,钉桩绿线坐标,核对计算面积,从规划管理角度提出并处理与该用地相关的问题,再赋予其特定的绿地属性和相应的绿化指标(包括游憩活动指标等)。通过这种方法,能较好地解决规划绿地如何落到实处和实施绿线管理的依据等问题,有效提高城市绿地系统绿线规划的可操作性。

在我国现阶段城市规划实践中,城市绿地系统规划已不再局限于城市总体规划的专项规划身份,开始成为独立重要的城市规划内容来研究和编制,同样具有完整的体系规划特征,从都市圈区域绿地系统宏观调控、市域绿地系统格局、城市建成区绿地系统规划直到城市绿线管理规划、城市景观设计与绿地设计等等,各个层次的规划内容都有所涵盖。而绿线规划及绿线管理也已深入到城市规划编制体系中详细规划的层次,一般要做到1:2000~1:1000以上的比例尺度。

另一方面,由于城市绿地系统规划实质上是一种城市土地利用和空间发展规划,牵扯到方方面面的实际利益,因此绿线管理涉及的现实矛盾和问题较多,通常需要与分区规划和控制性详细规划一样单独编制,从而保证城市规划依法审批和实施动态管理中合理的层次性。而实际上因为实践需要,必须在城市绿线规划编制过程中同时考虑满足多层次的规划需求,绿线除了是绿地系统控制性详细规划的重要编制内容外,还应当出现在其他层次的城市绿地系统规划成果文件中,使各层次的规划内容既相互衔接联系,又突出重点,方便操作。

本书的研究将突破仅限于城市总体规划层次的城市绿地系统规划,将绿地空间形态与控制性详细规划合为一体,改变传统的绿地系统规划跟着其他城市规划走的模式,通过实例分析探讨城市绿线规划方法与绿线管理制度化等问题,找出其中的对应关系,并能最终应用于相关城市绿地系统规划领域的研究与实践。

本书研究的创新点在于:

◇系统的"城市绿线规划"概念的提出,绿线规划是当前国内城市绿地系统规划中迫切需要解决的问题之一,也是新颁布的《城市绿地系统规划编制纲要(试行)》提出的新举措和核心任务之一,研究这一课题有着重要的现实意义。

◇目前城市绿线管理规划尚无成熟的经验可供借鉴和总结,全国各地城市和相关部门都在探索之中,本书除运用本学科领域的部分理论外,引入物理学、社会学等学科的相关概念(如分形、标度等)，论证城市绿地形态的分维结构和自组织优化，为城市绿地形态的控制与规划提供理论依据。

◇绿线规划中"有序"与"艺术"的概念结合是对已有的城市绿地系统规划有力而必要的补充，从城市规划的详细规划方法入手研究形成新的绿地系统控制性详细规划方法，有助于形成科学合理的城市绿地系统规划。

1.4 研究的目的与方法

1.4.1 研究目的

通过对城市绿线规划理论与方法的研究，力争突破仅限于城市总体规划层次的城市绿地系统规划，将绿地空间形态与控制性详细规划结合起来，改变传统的绿地系统规划跟着其他城市规划走的模式；通过实例分析探讨绿线规划方法与绿线管理制度化问题，找出其中的对应关系与解决办法，并最终应用于相关的城市绿地系统规划领域的研究与实际操作。主要为以下三点：

◇希望能顺应时代发展的需要，寻求对传统城市绿地系统规划模式的一点突破。

◇形成以绿线管理为基础的城市绿地系统控制性详细规划的方法论和编制规范。

◇为制定完整的城市绿地系统规划提供基础性研究，争取做到有章可循。

1.4.2 研究的方法与研究框架

在多学科交叉的学术研究背景下，本论文结合实际工程案例的分析，采用以多学科综合研究的方法为主，深入研究城市绿地绿线规划的理论与方法，系统地建构完整的城市绿地系统规划。具体方法如下：

◇多学科交叉方法——运用包括物理学、生态学、经济学、社会学及景观规划等多学科的综合，建立一个科学合理的绿线规划理论与方法体系。

◇整体论研究方法——在进行绿线管理规划时，要以城市绿地系统总体规划为基础，对于城市绿地的空间形态更要把各种类型绿地放在绿地系统大背景中考虑，并把它们当做一个完整的体系来研究。

◇文献资料的搜集整理——对于课题相关领域的文献资料进行搜集、阅读、整理，形成完善的背景资料。

◇实证的研究方法与案例研究——选取合适的工程实例为实证性的案例进行理论分析，如厦门城市绿地系统规划、南京市城市绿化绿线规划等工程实践。

◇比较研究法——在全面搜集资料的基础上，把诸种案例素材拿来作比较，可分为历史比较法和类型比较法。

◇现场调研——补充不完善的资料，用现场问询、记录、拍照等方法完成现场考察，掌握第一手资料。

◇专家访谈——由于研究涉及非常现实的城市绿化问题，有必要听取资深专家和业内人士各方面的意见和想法，避免走弯路，全面地掌握相关信息。

本书研究的框架如下图 1.9 所示。

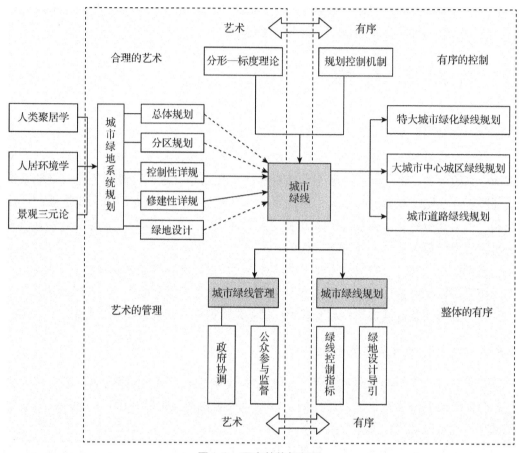

图 1.9　研究整体框架图

1.5　小结

本章针对城市绿地系统规划中"有序"与"艺术"如何结合的问题，提出论文的研究框架，并介绍了城市绿地系统规划相关理论与方法的发展过程，重点涉及国外绿地（绿道）空间形态和区划控制绿地等理论与方法研究的进展，以及国内绿线规划概念创新和绿线规划管理工作的实践情况。最后就本书的研究目的、内容与方法做了大致阐述。

参考文献

[1] 李敏. 现代城市绿地系统规划[M]. 北京：中国建筑工业出版社，2002.

[2] 徐波. 城市绿地系统规划中市域问题的探讨[J]. 中国园林，2005(3)：65–69.

[3] I. L. McHarg. 设计结合自然[M]. 芮经纬，译. 北京：中国建筑工业出版社，1992.

[4] 江苏省城市规划设计研究院. 城市规划资料集（四）控制性详细规划[M]. 北京：中国建筑工业出版社，2002.
[5] C. E. Little. Greenways for America[M]. Baltimore：Johns Hopkins University Press，1990.
[6] 陈爽，张皓. 国外现代城市规划理论中的绿色思考[J]. 规划师，2003(4)：71－74.
[7] D. Toft. Green belt and urban fringe[J]. Built Environment，1995，21(1)：54－59.
[8] B. Mackaye. The New Exploration：A Philosophy of Regional Planning[M]. New York：Harcourt，Brace，1928.
[9] P. H. Jr. Lewis. Quality corridors for Wisconsin[J]. Landscape Architecture，1964，54(2)：100－107.
[10] T. Palmer. Endangered Rivers and the Conservation Movement[M]. Berkeley：University of California Press，1986.
[11] T. Turner. Greenways，blueways，skyways and other ways to a better London[J]. Landscape and Urban Planning，1995，33：269－282.
[12] 曹鉴燎，苏启林，刘一明. 城市绿色规划分析与评价[J]. 中国人口资源与环境，2001，14(1)：97－100.
[13] 金大吉. 日本城市规划手册[J]. 王克镇，译. 沈阳市建筑技术情报站，1980：141.
[14] 曹刚. 日本"空中森林计划"[J]. 矿山环保，2003(3)：48.
[15] 唐开山，刘伏良. 顺应时代潮流，把发展城市森林纳入城市总体规划之中[J]. 林业工作研究，2000(8)：51－56.
[16] 李德华. 城市规划原理[M]. 北京：中国建筑工业出版社，2001.
[17] 余深道. 都市美化设计——新加坡花园城市[M]. 台湾：淑馨出版社，2000：26.
[18] 张庆费，杨文悦，乔平. 国际大都市城市绿化特征分析[J]. 中国园林，2004，20(7)：76－78.
[19] D. S. Smith，P. C. Hellmund. Ecology of Greenway[M]. Minneapolis：University of Minnesota Press，1986.
[20] 余畅. 绿道建设及规划设计研究[D]. 上海：同济大学，2003：54.
[21] K. J. Dawson. A comprehensive conservation strategy for Georgia's greenways[J]. Landscape and Urban Planning，1995，33：27－44.
[22] 中华人民共和国国务院. 国务院关于加强城市绿化建设的通知. 2001.
[23] 中华人民共和国建设部. 城市绿地系统规划编制纲要（试行）. 2002.
[24] 中华人民共和国建设部. 城市绿线管理办法. 2002.
[25] http：//news. xinhuanet. com/zhengfu/2005-01/25/. 汪光焘在全国建设工作会议上要求切实做好2005年各项工作.
[26] 刘滨谊. 现代景观规划设计[M]. 南京：东南大学出版社，1999：52.
[27] 李敏. 现代城市绿地系统规划[M]. 北京：中国建筑工业出版社，2002：70.
[28] 乐卫忠. 九十年代上海园林规划构思新探索[J]. 中国园林，1994，10[4]：48－52.
[29] 李锡然. 老龄化城市无障碍绿色步行系统分析[J]. 城市规划，1998[5]：47－48.
[30] 孟吉杰. 用6年时间打造2010年上海建生态城市[J]. 城市导报，2004-5-21.
[31] 赵文. 上海计划彻底解决市中心绿化问题[N]. 中国环境报，2003-11-6.

第2章
城市绿地系统规划基础理论与绿线概念

在人类聚居学、人居环境学和景观三元论的理论背景下,借鉴其中有关动态城市、生态时空观和大众行为心理等方面的理论精华,对城市绿地系统规划相关概念进行阐述,并在此基础上提出绿线的概念及其产生背景,为后面几章的绿线规划研究做好基础理论准备。

2.1 城市绿地系统规划的概念解析

城市绿地,是指以自然和人工植被为地表主要存在形态的城市用地。它包括城市建设用地范围内用于绿化的土地和城市建设用地之外对城市生态、景观和居民休闲生活具有积极作用、绿化环境较好的特定区域。城市绿地以自然要素为主体,为城市化地区的人类生存提供新鲜的氧气、清洁的水、必要的粮食、副食品供应和户外游憩场地,并对人类的科学文化发展和历史景观保护等方面起到承载、支持和美化的重要作用[1]。

图2.1 厦门筼筜湖白鹭洲绿地

依据《城市规划基本术语标准(GB/T 50280—98)》,城市绿地系统(urban green space system)是指城市中各种类型和规模的绿化用地组成的整体。

结合本课题涉及范畴及本学科研究的角度特征,研究的"城市绿地系统"是指,城市范围内各类绿色空间之集合,以绿地的生态功能为主体,同时具有景观游憩并为城市其他系统服务等多功能性。它是城市生态系统的子系统,是由城市中不同类型、性质和规模的各种绿地共同构成的一个稳定持久的城市绿色环境体系[2],具有层次性和人工自然系统的结构特征,是开放的人工自然环境,同时还具有系统性、整体性、连续性、动态稳定性、多功能性、地域性等特征[3]。包括城市建设用地范围内的各种绿化用地和在城市规划区范围内的绿化地域,前者如公园绿地、防护绿地、生产绿地、附属绿地等,后者是指对城市生态、景观环境和休闲活动等具有积极作用的绿化地域,可以说城市绿地系统的组成包括城市中所有园林植物种植地块和用地[2]。

城市绿地系统规划是在城市规划理论以及生态学理论等的指导下,合理布局城市范围内各类绿地空间,确定科学的绿地指标,协调人类居住空间与绿色空间之间的关系,城市发展与绿地建设的关系,绿地系统内部的生物与生物、生物与非生物以及生物群落之间的关系[4]。城市绿地系统规划不仅仅是指各类绿地的空间组织规划,还涉及城市绿地发展的预测、绿化开发的管理以及绿化建设的实施等诸多方面。其目的是健全改善城市居住环境,促进城市可持续性的发展,它符合生态系统以及城市生态规划基本原则,是城市规划和城市生态规划的重要部分。

李敏在《现代城市绿地系统规划》中对城市绿地系统规划的定义为:"各类城市绿地按照城市生态与城市总体规划的基本要求进行合理的空间组合配置,构成了城市绿地系统规划。"城市绿地系统,是城市地区人居环境中维系生态平衡的自然空间和满足居民休闲生活需要的游憩地体系,也是有较多人工活动参与培育经营的,有社会、经济和环境效益产出的各类城市绿地的集合(包含绿地范围里水域)[1]。城市绿地与人居环境的建设和发展之间,有着密切的互动关系。

城市绿地系统规划创造的城市绿色空间应重视景观整体性营建,以保护、重建和完善生态过程为手段,利用绿廊、绿楔、绿道和结点(core site)等,将城市的公园、街旁绿地、庭园、苗圃、自然保护地、农田、河流、滨水绿带和郊野等纳入绿色网络(green network),组建扩散廊道(dispersal corridors)和栖地网络(habitat network)等,构成一个自然、多样、高效,有一定自我维持能力的动态绿色网络体系[5]。

城市绿地系统规划理论与方法研究已形成多学科综合、多角度探索、多部门协调的复合型发展趋势,我们认为城市绿地系统规划应包含景观、生态、经济三方面的城市绿地子系统规划,以上三要素内容协同发展才能共同建构城市绿地系统规划(图2.2)。

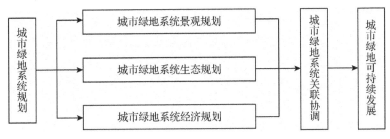

图 2.2 城市绿地系统规划三要素子系统框架图

城市绿地系统景观规划是指在城市绿地系统规划中的自然、社会、文化等各种景观要素以及人的要素影响下的城市绿地系统空间结构和形态的规划研究,包括影响城市绿地系统规划的各种作用力的作用和合成机制,及其作用下形成分层次的城市绿地系统规划的结构与形态模式。城市绿地系统景观规划的结构与形态有着整体性、层次性、功能性和动态多样性等特征,归纳为两个层次即整体与中心城区、中心区与分区的规划模式。整体模式与中心城区模式包括环型(绿环)形态、绿心形态、楔型形态、带型形态、网络形态、分散形态、组合形态等模式。中心区与分区模式包括单核形态、多核形态、带型形态、环带形态、网络形态等模式。

城市绿地系统生态规划是城市景观生态规划和城市绿地系统规划的有机结合,形成合理的城市绿地系统景观生态格局和城市绿地景观要素的数量组合关系,促使城市绿地系统走向良性的物质循环、能量流动以及信息转换,符合生态平衡原理。城市绿地系统作为城市生态系统的子系统,具有自然生态与人工自然结合的过渡性空间的结构关系,是开放的人工自然环境。城市绿地系统生态规划的研究对象已从城市建成区园林绿地布局扩展到城市整体(包括市域范围)的绿地系统规划,是更大层次的结合景观生态区域格局的绿色生态规划体系,它有助于进一步加强绿地植物群落的生态服务功能的形成以及绿地系统生物多样性的规划。

城市绿地系统经济规划是"城市经营"的绿色体现,是把城市绿地系统看做是城市的一种重要资产,它是城市生态效益、经济效益和社会效益的集中体现,通过对城市绿地系统的成本—效益分析及不同属性绿地的投融资模式分析,规划评估城市绿地系统建设、管理和养护的经济运作方式。整个城市绿地系统由量多类广的绿地构成,为使其布局合理,一般是采用分别建设的方式,不同的绿地也应采用不同的投融资模式,其中包括"政府出资、融资""企业出资、政府补贴""公众出资、企业化动作、政府财政补贴"等模式,规划建成后的绿地系统将与城市经济、整体布局相得益彰,真正做到城市绿地系统经济建设的统一规划、分别实施。

通过城市绿地系统发展与建设实施可持续发展战略是城市发展战略的一个重要环节。城市绿地系统景观规划面向景观价值的完善从而提升城市经济效益是显而易见的事实,城市绿地系统生态规划是城市环境改善和提高城市经济发展的本质属性,城市绿地系统经济规划从环境保护中"由谁投入,由谁收益"问题的解决来达到城市经济的合理发展。可以说,三者的协同发展,核心在实现城市经济与生态建设的可持续性发展。

城市绿地系统规划编制与实施的关联协调发展包括城市绿地系统规划与人的素质和社会素质的协调发展、城市绿地系统规划景观—生态—经济三要素与规划编制内容的关联协调以及城市绿地系统规划管理的体制关联协调发展,具体协调关系见表2.1。

表2.1 城市绿地系统规划景观-生态-经济三要素与编制内容的关联协调表

规划评价内容	关联因素	规划编制有关内容	
		现状分布图	规划分析图
景观要素	地区区位	区位图	区位关系图
	旅游资源	城市旅游资源分布图	城市旅游发展分析图
	历史文化及自然景观	城市人文及历史资源分布图	城市人文历史资源评价图
	古树名木	古树名木分布图	
	居民人口	居住人口密度分布图	城市绿地服务半径分析图
	现状绿地分布	现状绿地分布图	城市绿化或居住区绿化设想图
	居民视觉与心理调查		
生态要素	植被与生物多样性	土地利用现状图	生物多样性分析图
	大气	空气质量分布等值线图	城区热岛分布图
	土壤	土壤分布现状图	土地资源分析图
	山体	山体绿化资源分布图	城市生态保护发展规划图
	水系	水系分布图	
	农林业资源	城市农林业资源分布现状图	城市农林资源发展分析图
	现状绿地规模与格局	城市绿量分布现状图	城市绿量结构分析图
经济要素	城市发展	城市综合现状图	城市发展及结构分析图
	现状绿地经营管理	城市总体规划图	
	绿化资金投入	城市高压走廊分布图	城市绿地模式图
	公园景区客流量及收入	城市分期发展规划	
	生产绿地苗木总量及自给率	城市生产绿地分布图	

资料来源：参考文献[4]。

2.2 人类聚居学、人居环境学与景观三元论

2.2.1 人类聚居学中的聚居形态与动态城市理念

人类聚居学是由希腊学者、著名城市规划学家C. 道萨迪亚斯（C. A. Doxiadis）在20世纪50年代创立的。所谓人类聚居科学（Ekistics）的理论，即为"Science of Human Settlement"，中文简译为"人类聚居学"，它是一门以包括乡村、集镇、城市等在内的所有人类聚居（human settlement）为研究对象的科学，它着重研究人与环境之间的相互关系，强调把人类聚居作为一个整体，从政治、经济、社会、文化、技术等各个方面，全面地、系统地、综合地加以研究，而不是像城市规划学、地理学、社会学那样仅仅涉及人类聚居的某一部分、某个侧面[6]。该学科的目的是了解、掌握人类聚居发生发展的客观规律，以更好地建设符合人类理想的聚居环境。它从所有角度对人类聚居进行综合考察，一方面，它是一门注重理论和方法研究的科学，学科目标是要发展一种科学的体系和方法，对所有的聚居进行研究分析，获得与聚居有关的所有知识，掌握聚居发展的规律；另一方面，它又是一门应用学科，是一项要付诸行动、指导实践的研究，

要解决人类聚居的实际问题,其最终目标是要"创造使居民能幸福、安全地生活"的人类聚居。

道氏认为,人类聚居和自然生物体之间的最大区别在于人类聚居是自然的力量与自觉的力量共同作用的产物,它的进化过程可以在人类的引导下不断调整改变,而自然生物体仅仅是自然之力作用的结果,它的进化过程是不可变更的。他同时强调,要把时间作为人类聚居研究中一个不可缺少的基本因素来对待,要研究人类聚居的演进过程,认为人类聚居是动态发展的有机体。

聚居的形态指的是聚居的外观形象,主要表现为城市平面的形式以及城市在空间标度上的形态。聚居的结构和形态是各种力综合作用的结果。

道氏认为聚居中所有部分相互紧密联系的趋向是形成聚居形态的主要作用力(因此多数聚居都呈向心形式)。一个聚居的形态是向心力、线性力和不确定的力共同作用的结果,对安全的考虑在一定情况

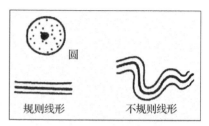

图 2.3　三种基本的聚居形态

下会超过向心力而成为直接影响聚居形态的重要因素。对应的基本形态为下列三类:圆形、规则线形和不规则线形(图2.3),还有很多变化形式(图2.4)。

影响聚居形态的另一个重要因素是形成有序模式的倾向。有序性趋向与向心力构成一对矛盾,向心力使城市呈同心圆状,有序性趋向使城市呈方格网状。

聚居的最终形态是上述所有的力,即向心力、线性力、不确定的力、对安全的考虑和有序性趋向,以及文化、传统的因素共同作用影响的结果。只有当所有这些重要程度不等的力在空间中处于平衡时,形态和结构才是令人满意的。人类聚居的正确形态应当能够最好地表现其内部的人、动物和车辆诸要素的所有静态位置和动态活动等。在人类聚居同全球自然环境之间的平衡问题上,建议要达到全球生态平衡[6]。

判断一个聚居的形态与结构,应主要依据其发展方向,而不是只看它的路网形式。

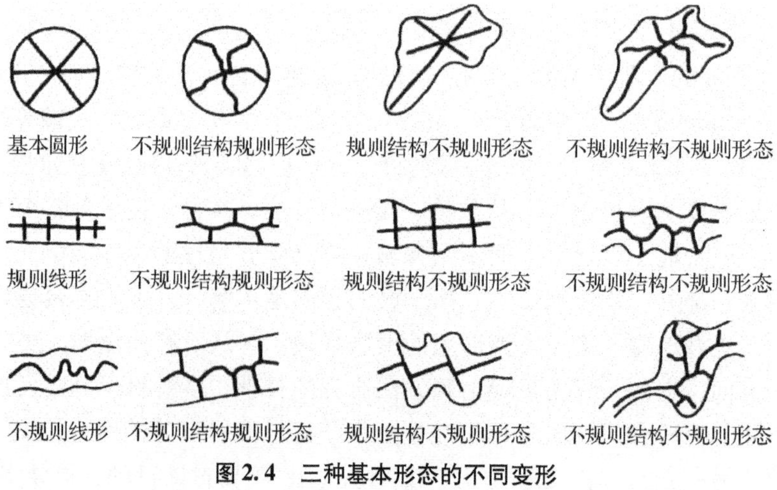

图 2.4　三种基本形态的不同变形

道氏还提出要对聚居进行动态分析，就是在对聚居的分析中考虑时间因素，考察聚居的发展变化过程。他认为若要真正改变城市生长的混乱和失控的情况，使人类能有效地控制城市的发展，在做规划时应当认识到我们面对的是动态城市的问题，应当"为生长做规划"，积极地考虑如何使城市更好地发展，而不是考虑如何去限制它、束缚它。他把人类城市发展过程描述为：从原始无组织的聚居到静态城市，再从动态城市到城市连绵区的出现。

道氏对城市发展理想模式的研究是建立在他对城市尺度的研究基础上的，他对人类聚居的实际建设有一个明确的指导思想，那就是在城市中要各种尺度并存，为多个不同的"主人"提供服务。更具体地讲，就是未来的人类聚居在宏观上是非人的尺度，在微观上是人的尺度。"宏观上的城市尺度应当同各种城市功能正常运转的要求相适应，……应当体现出迅捷、高效的特点。但是城市终究是为人服务的，高效率功能体系和交通系统也是为人服务的，因此，在微观上城市应该是亲切的、宜人的，在越接近人的层次上越需要具有人的尺度。"他提出，为了使城市既具有人的尺度和宜人的环境，又具有现代化的高效率的功能系统，并符合动态城市的发展特点，城市的理想模式应当是一个静态的细胞和动态的整体结构的综合体，即在微观上每一部分都是静止的、稳定的，在宏观上整个城市呈动态发展。

最终他提出"动态城市结构"，即城市及其中心区沿一条预先确定的轴自由扩展，这样城市的中心部分在扩展时就不会同其余部分发生矛盾。与"带形城市"概念完全不同，动态城市的发展轴是在分析了各种力的影响以后才确定下来的，因此它与作用在城市上的外力相吻合，从而导致城市的发展多种多样。"动态城市"更为科学，更合乎实际情况。"当今的人类聚居（尤其较大的人类聚居）已变成了动态城市地区，在各种因素（包括人口、经济、技术等）的影响下，它们以前所未有的速度增长着，依靠有机体的自然发展来增长的老办法，即听任现状趋势的延续，只能导致灾难。……因此，迫切需要改变聚居的结构，增加更多的中心、交通干线和新的功能，使它们成为新的聚居。在这里，增长并不是让原来的有机体继续扩展，而是把它改变成一种新的有机体。"

总而言之，C.A.道萨迪亚斯认为"人类聚居是活的有机体"，是动态的生长发展过程，在对聚居的分析中要考虑时间因素。

2.2.2 人居环境学及其生态观、时空观

人居环境学即"人居环境科学"（the Sciences of Human Settlements），是涉及人居环境有关地区开发、城乡发展及其诸多问题进行研究的多学科交叉的学科群组，英文中的"Sciences"用复数而不用单数，体现了学科群组。

清华大学著名学者、规划大师吴良镛院士结合中国的国情，在其重要著作《人居环境科学导论》中提出并建立了人居环境科学学科理论，论述了人居环境学对于绿地系统建设发展的重要性。人居环境，顾名思义，是人类的聚居生活的地方，是与人类生存

活动密切相关的地表空间，它是人类在大自然中赖以生存的基地，是人类利用自然、改造自然的主要场所[7]。按照对人类生存活动的功能作用和影响程度的高低，在空间上，人居环境又可以再分为生态绿地系统与人工建筑系统两大部分；从内容上，可分为五大系统：自然系统、人类系统、社会系统、居住系统和支撑系统（网络系统），这五大系统应相互联系，协调发展。

（1）中国人居环境科学发展的五项原则包括生态观、经济观、科技观、社会观和文化观，在统筹兼顾五项原则的同时，生态观是发展的重中之重，即生态学的研究是人居环境规划的内在基础。在 Landscape Architecture 学科方面，吴良镛院士指出，现代西方园林学试图利用公园的形式，将自然气氛引入城市，开展户外空间的建设，它多着眼于艺术的景观、对自然美的欣赏。后来，逐渐融入

图2.5 城市和谐生态——厦门白鹭洲绿地

生态学的观点，冀图从大尺度、高层次上探寻"健康的城市"，创造宜人的建筑环境，人们甚至认识到远离城市的"大地景观"（earthscape）（包括荒野地、湿地、国家公园、风景名胜区等）的重要性，并努力做出保护，寻求城市与自然的融合。该学科的发展要深入地吸取"景观生态学"（landscape ecology）的内涵，探讨在一个相当规模的区域内，由多个生态系统组成的空间结构相互作用、协调功能及动态变化，分析人类土地利用的适宜性与优化格局，利用系统理论与等级组织理论等分析研究各种尺度、各种地表类型（点型——"斑块"、线型——"廊道"、面型——"基质"等）的组成及空间关系，探索生态安全格局（ecological security pattern），从区域生态的高度，提出自然保护、持续利用土地的策略。因此，如果在区域、城乡规划布局中有意识地加强区域的生态连接，扩大自然生境的领域范围，维持生物多样性，提高大地的环境质量，将实现从纯生态学研究走向人居环境建设研究。正因为如此，"对未来规划的构思，应多从园艺学而非建筑学中寻求启迪"（McLoughlin），要重视生态因素的"整体规划"方法，进而促进人居环境科学的发展。生态学研究与规划设计研究一样，具有空间上和功能上的研究层次。城市规划要融合经济、社会、地理等，从城市走向城乡区域的整体协调；地景（景观）学要融合生态学等观念的发展，从咫尺天地走向"大地园林"，为人居环境创造可持续景观（sustainable landscape）。

人居环境生态空间整体研究由两个部分、两个层次组成。这两个部分分别是生态适宜性分析和生态空间（扩散）格局的研究；两个层次分别是区域层次、城市及其周围空间与社区的层次。

（2）人居环境学是连贯一切与人类居住环境的形成与发展有关的，包括自然科学、技术科学与人文科学的新的学科体系，其涉及领域广泛，是多学科的结合。人居环境学是发展的，永远处于一个动态的过程之中，其融合与发展离不开运用多种相关学科

的成果，特别要借重各自的相邻学科的渗透和展拓，来创造性地解决繁杂的实践中的问题。因此，它们与经济、社会、地理、环境等外围学科，共同构成开放的人居环境科学学科体系。其中：

◇不同学科之间要相互交叉，各相关学科本身仍然保持其相对独立的学科体系和各自学科核心，它们与人居环境科学的关系，以及在人居环境学科群中的重要性或作用大小的问题，随研究的对象和问题而定，仅仅在于相关学科及其相关部分领域间的相互辐射、相互交叉与相互渗透。

◇在人居环境科学研究的起步阶段，比较切实的做法是抓住现实的问题，作为核心；在此基础上，先采取小范围的交叉，如在两三门学科之间，再逐步展开。

◇就与人居环境的关系来说，各学科不能"等量齐观"，有的应是重点，有些仅是参与，这些都因不同课题而异。

◇就参与人居环境科学研究的各学科来说，不能人为地"同时并进"，而应该根据实际的问题，确定研究项目的大小和研究工作展开的先后、轻重缓急，随研究的深入，逐步展开与各相关学科的结合。

吴良镛院士尤其强调，在我们对人居环境的研究中，当引入过去未曾注意到的学科中的某一概念时，就能得到一些新的思想、启发，甚至另辟蹊径。人居环境科学的不同专业工作者，在从事科学研究与规划设计时，对每一个外围学科全部掌握是不可能的，也无此必要。但了解其与人居环境的相关部分，特别在"以问题为导向"探索其需要解决的问题的过程中，抓住有限的关键问题，不仅是有可能，也是非常必要的，因此我们称之为"融贯的综合研究"[7]。

(3) 人居环境规划设计时空观：汇"时间—空间—人间"为一体。

◇人居环境在时间上是延绵的。人们的居住环境是永远不断变化的，但无论如何，总是在现有的基础上发展的。在现如今人居环境急剧变化的情况下，城市各项建设周期不断缩短，但不能期求新环境很快就能完善起来，时间与历史的延续是非常必要的。

◇人居环境在空间上是相互联系的。建筑、城市乃至区域，作为"容器"，都是人们多种多样活动的载体，在空间上是相互联系的，必然要适应多种多样的发展变化的需求(既受社会、经济、自然地理条件的制约，也不同程度地受到临近地区的影响)。

◇知晓规划设计对象的来龙去脉。对所规划设计的城市环境，我们要知道其历史、地理，对城市历史、地理等的研究可以增进对设计对象的认识，甚至会启发设计理念与灵感。

◇建立发展的、动态的人居环境规划设计时空观。在当今世界中，时间节奏似乎变快了，空间似乎缩小了，人也不断地变化着，因此，事物变化的节奏在加快，更重要的是对此我们要具有更高的自觉性。

总之，创造的空间是存在的，关键在于人们追求，要力求科学地预测未来。人居环境规划设计的时空观，致使我们自觉地建立了人居环境建设的知识系统(knowledge system)，因为有了这个知识系统的框架后，就可以不断地吸取新的知识，随时把零散的知识"对号入座",逐步形成更充实、开放的、相对完整的动态系统观念,有助于更好地分析现实,预测未来,也有助于我们接受规划任务时,处理好局部与整体、现状与将来的关系。

(4)在人居环境科学理论不断发展的基础上,吴良镛院士进一步提出人居环境规划设计的三项指导原则是:

◇每一个具体地段的规划与设计(无论面积大小),要在上一层次即更大空间范围内,选择某些关键的因素,作为前提,予以认真考虑。

◇每一个具体地段的规划与设计,要在同级即相邻的城镇之间、建筑群之间或建筑之间研究相互的关系,新的规划设计要重视已存在的条件,择其利而运用并发展之,见其有悖而避之。

◇每一个具体地段的规划与设计,在可能的条件下要为下一个层次乃至今后的发展留有余地,在可能的条件下甚至提出对未来的设想或建议。

综合上述三项原则,也就是说,在每一个特定的规划层次,都要注意承上启下,兼顾左右,把个性的表达(expression)与整体的和谐(coordination)统一起来。

2.2.3 人居环境三元论与景观三元论

同济大学刘滨谊教授是国内景观规划界中较早进行城市景观规划理论研究与工程实践的先行者之一,他提出的"人居环境三元论"和"景观三元论"为中国城市景观规划的研究实践做了有益的理论指导和尝试。

人类聚居环境学的内容涵盖大至大地景观、区域环境规划,小到场地设计、景观小品,而其核心就是"人居环境三元论",即聚居背景、聚居活动、聚居建设是构成人类聚居环境研究范围的三要素。当代人类聚居环境以自然界环境、农林环境和生活环境三者为存在基础,其中包含着空间环境、各类资源、生态循环等维持人类基本生存的要素,是聚居环境存在的必要前提,即为聚居背景。人类聚居环境的主体及其表现形式是人类利用聚居环境进行的各类聚居和居住活动,可称之为聚居活动。人类聚居环境的客体及其表现形式是人们所熟悉的城市、乡村、旷野和建筑,其集中体现了人类聚居环境的建设活动,亦即聚居建设[8]。聚居背景、聚居建设、聚居活动构成了人类聚居环境的三元结构(图2.6)。不难看出,相对于传统规划设计,这一学说更为先进的是对资源背景和生态环境的关注,三元论有助于城市景观规划设计的顺利进行,更有利于城市绿地系统规划理论研究与实际规划工作的开展。

刘滨谊教授指出,城市景观规划具有三个层面不同的追求以及与之相对应的理论研究:①文化历史与艺术层面,这包含潜在于景观环境中的历史文化、风土民情、风俗习惯等与人们精神生活世界息息相关的东西,其直接决定着一个地区、城市、街道的风貌,影响着人们的精神;②环境、生态、资源层面,这包括土地利用、地形、水体、动植物、气候、光照等人文与自然资源在内的调查、分析、评估、规划、保护;③景观感受层面,基于视觉的所有自然与人工形体及其感受的分析,即狭义的景观。

与之相对应，城市景观规划设计的三要素是视觉景观形象、环境生态绿化和大众行为心理，应实现从"以建筑为核心"到"景观—规划—建筑并重"的人居环境观念的转变（即景观也成为城市建设的主角之一），以及相应的专业教育与职业体制的转变。在城市景观规划理念中，比较重要的宏观层面的应用性的研究就是城市绿地系统规划的景观规划理论[9]。

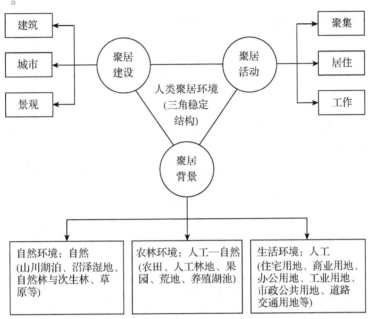

图 2.6　人类聚居环境学的三元要素

对城市生态绿地系统规划也做了一定的探索，他指出城市生态绿地系统规划的原则和内容主要有三点：①把城市生态绿化置于"社会—人口—经济—环境—资源"这一城市发展的大系统中加以考虑；②因地制宜，加强生态绿化子系统与其他系统和子系统的匹配，如城市路网、水网、人工环保设施、农田等；③选择恰当树种，在自然演替和人工改造的过程中逐步形成有人工管理和游憩参与的植物生态群落[10]。同时，也强调绿化实施的控制性指标，绿化用地与资金筹措的灵活性，以及机构建立与法规修订的监管力度。

在风景旅游地规划实践中刘滨谊教授又创新地提出了旅游地规划"三力"理论，规划三力指的是吸引力、生命力、承载力。①吸引力即旅游地的魅力吸引人心动慕名而来，魅力即卖点。单纯的景观优美只能吸引观光客，要使魅力扩展到吸引人们来休闲度假还应注入参与性活动。②生命力是以品味鉴赏、修学交流、益智健身、娱乐享受等因素，让游客流连忘返，多次重游，重游不厌。③承载力即容纳接待量，它是以空间大小和设施规模为前提的，环保与生态是其第一的前提，承载力不光是环境或生态容量的控制指标，延伸其意义，在景观艺术的效果上，承载力可以直接影响景观的意境，因而，也是重要的景观要素。这一理论反映了他在景观规划领域中对于景观规划的动力机制的深入理解，为景观策划与规划提供了理论和方法的指导。

对于景观与城市绿地规划的管理工作，刘滨谊教授提出要进行景观分析评价与规划设计一体化的探索革新，期望通过景观评价规划过程的革新、景观信息集取手段的革新和景观模拟结构的革新三方面内容[11]，最终实现城市绿地系统与景观工程体系化的框架创想。

2.3 城市绿地系统规划的工作体系

2.3.1 城市绿地系统规划的特点

城市绿地系统规划作为建设城市绿地和管理城市绿地的基本依据，保证城市合理地进行绿化建设和城市绿地合理开发利用及正常经营活动，是实现城市生态环境保护和社会经济持续发展目标的综合性手段。在市场经济体制下，城市绿地系统规划的本质任务是合理地、有效地和公正地创造有序的城市绿色生活空间环境，既包括实现城市绿化建设和环境改善的决策意志以及实现这种意志的法律法规和管理体制，同时也包括实现这种意志的绿化工程技术、生态环境保护、文化传统继承和空间美学设计，以指导城市绿地空间的和谐发展，满足城市绿地建设、社会经济发展和生态保护的需要。

《不列颠百科全书》中关于城市规划与建设的条目指出："城市规划与改建的目的，不仅仅在于安排好城市形体——城市中的建筑、街道、公园、公用设施及其他的各种要求，而且，最重要的在于实现社会与经济目标。"[12]而美国国家资源委员会认为："城市规划是一种科学、一种艺术、一种政策活动，它设计并指导空间的和谐发展，以满足社会与经济的需要。"我国现阶段城市规划的基本任务是保护和修复人居环境，尤其是城乡空间环境的生态系统，为城乡经济、社会和文化协调、稳定地持续发展服务，保障和创造城市居民安全、健康、舒适的空间环境和公正的社会环境。由此可见，城市规划中满足社会经济发展与组织城市空间艺术是同样重要的，城市绿地系统规划亦然，这也决定了城市绿地系统规划有以下特点：

（1）城市绿地系统规划是综合性的工作

城市绿地系统规划需要对城市绿化的各项要素进行统筹安排，使之各得其所、协调发展。它既为各单项绿化工程设计提供建设方案和设计依据，又须统一解决各单项工程设计相互之间技术和经济等方面的种种矛盾，综合性是城市绿地系统规划的重要特点。

（2）城市绿地系统规划是长期性和经常性的工作

城市绿地系统规划既要解决当前建设问题，又要预计今后一定时期的发展和充分估计长远的发展要求。它不可能是一成不变的，应当根据实践的发展和外界因素的变化，适时地加以调整或补充，尤其是在绿化实施操作阶段更要经常地反馈信息、维护管理以保证规划结合实际，使之趋于全面、正确地反映城市生态环境发展的客观实际。

但城市绿地系统规划一经批准，又必须保持其相对的稳定性和严肃性。可以说城市绿地系统规划是城市绿地发展的动态规划。

(3) 城市绿地系统规划具有实践性

首先在于它的基本目的是为城市生态环境与绿地建设服务，规划方案要充分反映建设实践中的问题和要求，有很强的现实性。其次，按规划进行建设是实现规划的唯一途径，规划管理在城市绿地系统规划工作中占有重要地位。

(4) 城市绿地系统规划工作具有地方性

城市绿地系统规划要根据地方特点，因地制宜地编制；同时，规划的实施要依靠城市政府及绿化部门的筹划和广大城市居民的共同努力。

(5) 城市绿地系统规划是法治性、政策性很强的工作

城市绿地系统规划既是城市各种绿地建设的战略部署，又是组织合理的绿化生产、生活环境的手段，涉及国家的众多部门，一些重大问题的解决都必须以有关法律法规和方针政策为依据。

2.3.2 城市绿地系统规划工作体系

为与现行城市规划的编制和工作层次保持同步，城市绿地系统规划可分为城市绿地系统总体规划、城市绿地系统分区规划以及城市绿地系统详细规划三个规划阶段，即三种尺度的规划和分析，其涉及的空间层面不同，且规划的内容、深度有所差异（表2.2）。城市绿地系统各规划层次的重点内容是[4]：

(1) 城市绿地系统总体规划

主要内容包括整个城市绿地系统（含多个层次）的规划原则、规划目标、规划绿地类型、定额指标体系、绿地布局结构、各类绿地规划、绿化应用植物（树种等）规划、实施措施规划等重大问题，规划成果要与城市总体规划、城市风景旅游规划、城市土地利用总体规划等相关规划协调，并对城市发展战略规划、城市总体规划等宏观规划提出用地与空间发展方面的调整建议。

(2) 城市绿地系统分区规划

对于大城市和特大城市，一般需要按市属行政区或城市规划用地管理分区编制城市绿地系统的分区规划，重点对各区绿地规划的原则、目标、绿地类型、指标与分区布局结构、各区绿地之间的系统联系做出进一步的安排，便于城市绿地规划建设的分区管理。该层次绿地规划是与城市分区规划相协调，并提出相应的调整建议。

(3) 城市绿地系统详细规划

以城市绿地控制性详细规划为主，在全市和分区绿地系统规划的指导下，重点确定规划范围内各建设地块的绿地类型、指标、性质和位置、规模等控制性要求，并与相应地块的控制性详细规划相协调；对于比较重要的绿地建设项目，还可进一步做出详细规划，确定用地内绿地总体布局、用地类型和指标、主要景点建筑构思、游览组织方案、植物配置原则和竖向规划等，并与相应地块的修建性详细规划相协调。详细

规划可作为绿地建设项目的立项依据和设计要求，直接指导建设。

表2.2 城市绿地系统规划工作内容一览表

阶段划分 工作内容	绿地系统总体规划	绿地系统分区规划	绿地系统详细规划
规划基本要求	以区域规划、城市总体规划为依据，深入调查和确定城市绿化的各项发展指标，详细部署各类城市绿地的发展，确定城市绿化树种、特色等，部署大环境绿化，对近期重点项目进行规划深化或直接安排，保障城市绿化与大环境绿化的协调发展	在城市绿地系统总体规划的基础上，对各类绿地布局以及特征做进一步的规划安排，为控制性详细规划和规划管理提供依据	以总体规划和分区规划为依据，执行城市"绿线"管理制度，形成城市建成区各类绿地空间分布的控制线，并确定各地块绿地的控制细则，强化规划的控制功能，并指导地段性的绿地修建性详细规划的编制
规划工作重点	◇市域绿地系统分类发展规划和基本格局研究 ◇城市建成区绿地系统规划布局和指标确定 ◇中心城区绿地系统规划布局和指标体系确定 ◇中心城区各类绿地规划 ◇园林植物物种规划 ◇近期绿化建设规划	◇确定各分区绿地系统的规划目标、布局结构、风格特色、绿地类型、指标体系 ◇分区绿地之间的关联性做进一步的安排、规划的政策措施 ◇分区内各功能片区的绿化控制指标	◇各类规划绿地逐一进行编码 ◇定位并核对计算面积 ◇赋予地块特定的绿地属性

资料来源：参考文献[4]。

此外，对于一些近期计划实施的项目，规划师可能还需要做些重要绿地建设的设计为进一步体现规划意图和控制要求。

城市绿地系统规划空间分为三个层面：城市背景区（即市域范围）研究、城市规划建成区以及中心城区。城市绿地系统总体规划同时包含有城市绿地系统的三个空间层面的规划研究。在城市整体市域部分，即背景研究区域，规划重点是保护自然生态以及环境资源，维持相对于城市建成区斑块要求的基质的生态动态平衡，规划中的斑块、廊道、基质尺度较大。城市规划区空间以及中心城区大面积的建设区域是基质，而城市中镶嵌的绿色空间即为其中散布的斑块，城市建成区以及中心城区的绿色空间规划依据景观生态安全格局，需要廊道（即绿道）功能的充分发挥，其中的廊道、斑块相对城市背景区域尺度较小。

以上各个阶段和各个层面的绿地系统规划共同构成了城市绿地系统规划的完整结构体系和系统格局，保证了城市绿地建设的全面实施、维护和完善。

2.4 城市规划中的绿线及相关其他概念比较

2.4.1 城市绿线的概念

所谓绿线，是指城市中各类绿地范围的控制线。城市各类绿化用地涵盖了城市所有绿地类型,包括公园绿地、生产绿地、防护绿地、附属绿地等。

《园林基本术语标准(CJJ/T 91—2002)》中,城市绿线(boundary line of urban green space)是指在城市规划建设中确定的各种城市绿地的边界线[13]。为简化英文内容且与建筑红线的英文"building line"相对应,本文把绿线翻译为"greening line"。

"绿线"制度就是将城市规划区内应作为城市绿地的区域在规划中明确地界定出来,绿地区域周边的用地控制界线可以称之为绿线。

2002年建设部第63次常务会议审议通过并发布了《城市绿线管理办法》(简称《办法》),自2002年11月1日起施行,标志着绿线受到了国家法规的保护,这对加强城市绿地建设、减少和杜绝侵占城市绿地的行为提供了法律的保证。这是继红线、蓝线之后,我国针对城市建设规划用地提出的又一概念,"绿线"制度的实施标志着我国真正把城市绿化纳入法制化管理的轨道。《办法》明确规定:"城市绿地系统规划是城市总体规划的组成部分,应当确定城市绿化目标和布局,规定城市各类绿地的控制原则,按照规定标准确定绿化用地面积,分层次合理布局公共绿地,确定防护绿地、大型公共绿地等的绿线。""控制性详细规划应当提出不同类型用地的界线、规定绿化率控制指标和绿化用地界线的具体坐标。""修建性详细规划应当根据控制性详细规划,明确绿地布局,提出绿化配置的原则或者方案,划定绿地界线。""批准的城市绿线要向社会公布,接受公众监督。""城市绿线内的用地,不得改作他用,不得违反法律法规、强制性标准以及批准的规划进行开发建设。有关部门不得违反规定,批准在城市绿线范围内进行建设。""近期不进行绿化建设的规划绿地范围内的建设活动,应当进行生态环境影响分析,并按照《城市规划法》的规定,予以严格控制。"

绿线作为与红线具有同等法律效力的界线,其划定和管理还需要有一个规范的城市规划管理行为,包括依法划定、管理、监督绿线,依法对违反绿线的行为实施的惩罚等,还包括对于城市绿地系统总体规划、其他城市相关控制性详细规划、修建性详细规划的尊重和依法保护。绿线作为依法保护各类绿地的界限,还应向社会公布并接受公众监督。绿线一经划定必须严格控制保证其内绿地性质不被改变。

城市绿线规划是城市绿地系统控制性详细规划的简称,是指在城市绿地系统总体规划指导下,进一步确定城市绿化目标和布局,规定城市各类绿地的控制原则,按照规定标准确定绿化用地面积和相关指标,分层次合理布局公共绿地,确定防护绿地、大型公共绿地等的绿线(具体见第5章)。

2.4.2 几个相关概念的比较

道路红线、城市绿线、城市蓝线、城市紫线是指城市道路、绿地、河道水系、历史文化街区的规划控制线,是保护城市基础设施、生态环境和历史风貌的强制性措施。

(1)城市用地红线

城市用地红线是指经城市规划行政主管部门批准的建设用地范围的界线。红线一般是指"道路红线"即道路用地的边界线。有时也把城市道路两侧控制沿街建筑物或构筑物（如外墙、台阶等）靠临街面的界线谓之红线，即建筑红线，又称建筑控制线。它可与道路红线重合，也可退于道路红线之后，但绝不许超越道路红线。

（2）道路红线

道路红线是指道路用地和两侧建筑用地的分界线，即道路横断面中各种用地总宽度的边界线，包括车行道、步行道、绿化带、隔离带四部分。任何建筑物、构筑物不得越过道路红线；任何单位和个人不得占用道路红线进行建设；沿道路红线两侧进行建设时，退让道路红线距离除必须符合消防、交通安全等各相关规定的要求外，应同时符合城市规划管理的技术规定。规划的城市道路路幅的边界线反映了道路红线宽度，它的组成包括：通行机动车或非机动车和行人交通所需的道路宽度；敷设地下、地上工程管线和城市公用设施所需增加的宽度；种植行道树所需的宽度。根据城市景观的要求，沿街建筑物可以从道路红线外侧退后建设。

（3）城市绿线

城市绿线是指城市各类绿地范围控制线，凡是城市公园绿地、防护绿地、生产绿地、风景园林、城市道路绿地、湿地，以及古树名木等都应划定城市绿地界线，必须按照《城市用地分类与规划建设用地标准》《公园设计规范》等标准，进行绿地建设。城市绿线内的用地，不得改作他用，不得违反法律法规、强制性标准以及批准的规划进行开发建设。

（4）城市蓝线

城市蓝线是指河道水域规划控制线，蓝线控制范围应当考虑堤防、防洪、环保、景观、排灌等需求，包括为保护城市水体而必须进行控制的区域。在城市蓝线范围内禁止进行下列活动：即排放污染物、倾倒废弃物等污染城市水体的行为；填埋、占用城市水体行为；挖取砂土、土方等破坏地形地貌的行为；以及其他对城市蓝线构成破坏性影响的行为。

（5）城市紫线

城市紫线是指国家历史文化名城内的历史文化街区及省、自治区、直辖市人民政府公布的历史文化街区保护范围界线，以及历史文化街区外经县级以上人民政府公布保护的历史建筑的保护范围界线。"紫线"是对文物保护单位用地及其周围进行规划保护的规划控制线，它不仅从横向上对文物本身和周边控制地区进行规划保护，而且在纵向上对文保单位周围其他建筑高度做出了明确的限制。在城市紫线范围内禁止进行下列活动：即违反保护规划的大面积拆除、开发；对历史文化街区传统格局和风貌构成影响的大面积改建；损坏或者拆毁保护规划确定保护的建筑物、构筑物和其他设施；修建破坏历史文化街区传统风貌的建筑物、构筑物和其他设施；占用或者破坏保护规划确定保留的园林绿地、河湖水系、道路和古树名木等；以及其他对历史文化街区和历史建筑的保护构成破坏性影响的活动。

（6）其他用地控制线

其他的还有用于严格控制公共交通等重大城市基础设施用地影响范围的"黄线"等

城市用地的控制线,这些城市各类用地控制线划出了城市建设中各自的"禁区",以保护相关城市用地不被乱占用。虽然各自保护的用地不同,但绿线与其他城市用地控制线一样具有严肃的法律效力,并且划定了城市用地明确的用途和用地范围,进一步加强了城市各类用地的专门化控制与管理,保证城市规划建设有序而科学地落实、运作和发展。在这个意义上,可以把绿线称作是"绿色生态家园保护神",是城市绿地系统规划必不可缺的重要组成部分。

2.4.3 若干概念说明

接下来的研究中涉及大量的外文资料和专业文献,其中也会出现并借鉴几个相关概念,为了更准确地、系统地、科学地论述诸多专业性问题和理论,有必要对以下名词用语进行说明,以尽量减少由于文字翻译和文化背景引起的概念误差、分歧和异义,做到有的放矢,使之符合特定的语境和规划背景。

(1) Open Space

对于 Open Space 的概念,中文常有两种翻译:"开敞空间"或"开放空间",严格来讲这两个词所定义的绿地(或空地)的概念有所不同。"开敞空间"指的是"the open space to the air"(其主要形态如各类生态绿地和自然保护区,强调用地空间的自然生态属性);而"开放空间"指的是"the open space to the public"(其主要形态如各类公共绿地,强调用地空间的人为功能属性)。因此,一般来说,前者的概念范畴要更广泛些,基本内容包容了后者所指的各类用地空间,因而成为绿地系统规划研究的主要对象[1]。

但笔者认为,"开敞空间"的提法并不十分符合汉语的语言习惯,在汉语中"开敞"更多的是指相对较小的室内空间或建筑空间等活动范围的大小,不论如何放大总有个尽头,是有限的,并且多少有些被动的意味在里面;而"开放"所涉及的领域更为宽广,可以是地域、空间等的开阔,也可以是国家体制、城市社会系统的开放,它可以是无限的、无边界的,而且有着更为主动的姿态。相对于"开敞"的空间属性来说,"开放"更能反映景观三元论中强调的大众行为心理感受,在本书对城市绿地系统规划中绿线的研究中,城市绿地的游憩功能也是一项相当重要的控制指标和管理内容,城市绿地系统控制性详细规划在既强调绿地空间的无限的生态环境效益和有限的绿化用地控制保护的同时,又能保证市民或游人方便地进入绿地。在这里"开放"的意义更为明显,用开放空间也更为适当。

当然开敞空间的概念有其一定的自然生态属性的意义,但如无特指此义或特别说明本书课题研究更倾向于使用"开放空间"这个名词。

(2) Zoning Plan

Zoning Plan 一词由 Zoning 而来,并不多见,似乎也带有一点中国特色。Zoning 即区划,又称区划法(土地分区管理法),是将其所辖的地区在地图上划分成不同的地块,对每个地块制定管理的规划。在通则式开发控制中,区划是应用最为广泛的法定规划。区划概念源于德国,在美国得到很大发展。区划的基本目的是控制土地使用和开发强度，以避免开发活动可能在安全、卫生和其他公共权益方面造成消极外部效应。区划的常规方式是将城市开发用地划分为不同的用途区域，根据不同的土地用途确定开发活动的各项物质指标性规定。

可以看出 Zoning 已包含有规划的意思，那么 Zoning Plan 概念的意义在哪里呢？Zoning 虽有规划的内容，但更多强调的是法规条例的概念，以此来实现对土地利用的管理，但区划控制会由于过分强调法规的严肃性，而造成区划法的刻板和僵化，无法反映综合规划的目标；在中国，城市绿地系统绿线规划中控制与规划设计指导的概念应该是并重的，通过规划绿地形态和使用强度、确定指标和环境容量、建议树种规划和种植形式等来实现对绿地功能、使用和维护管理等多方面的控制。因此，为强化 Zoning 中规划的综合功能而提出"Zoning Plan"的概念是非常有必要的，我们可以把它译为"区划规划"或"控制性规划"（在这里不一定是指我们常说的控制性详细规划）。规划与区划控制并举是为了适应绿地开发日益增加的复杂性，使得绿地系统绿线规划在保证严格性的同时更有弹性，相关部门对绿地的开发控制管理也会更加灵活、有效。

区划规划（Zoning Plan，或称控制性规划）体现了规划指导与城市区划立法相互结合，相互促进，协同动作的特点，并能通过采用多种形式的管理手段，提高管理效率。

（3）Dynamics

Dynamics 既可以翻译为动力学，又可以译为"动态"。

在物理学中，Dynamics 是指"力学"或"动力学"，它是研究经典力学以外任何运动状态变化规律及其应用的学科。动力学分支庞杂，各自都有相对独立完整的理论体系，在城市规划中应用到的相关动力学有：系统动力学、热动力学、非线性动力学等。城市规划研究引入动力学的相关理论研究，有助于建立城市建设发展各要素之间适当的数理模型，并对其进行深入科学的分析，实现城市系统发展演化的空间监控，探索城市规划的有关数理规律。

而我们在进行城市规划研究时更多地会用到"动态"这个概念，如动态城市（dyna-polis）、动态规划（dynamic programming）、动态经济模型（dynamic economic model）、人口动态（dynamic of population）等。城市规划中的动态性，一方面是指，规划应具有一定的弹性和灵活性，以此来适应社会发展、政策和市场的变化；另一方面，规划不是一成不变的，它是一个动态的、自我完善的过程。城市绿化建设的进一步发展，要求各种信息、规划、预案、措施和对策不断地变化和趋于完善，但目前的实际状况是，我国大多数城市还没有建立起城市规划基本信息库，过去曾花费大量人力、物力、财力进行的各种工作，有些是重复的，有些仅以报告、报表形式给出，既难以使用，又不能实现动态管理。随着时间的推移，需要对数据进行快速更新，结合各种最新的数据资料和预测模型，真正实现动态管理。

本研究对于"Dynamics"的两方面含义都将有所涉及，因此有必要对其进行一定的说明。

2.5 小结

本章在简要介绍人类聚居学、人居环境科学和景观三元论等基本理论研究的基础上,对城市绿地系统规划的概念、要素分类和工作体系等进行了概述分析,初步提出城市绿线的概念并通过与其他相关概念的比较,明确城市绿地系统规划中绿线的重要作用和法律效力,最终保证本书基础理论体系和背景框架的完整明晰。

参考文献

[1] 李敏. 现代城市绿地系统规划[M]. 北京:中国建筑工业出版社,2002.
[2] 马锦义. 论城市绿地系统的组成和分类[J]. 中国园林,2002,18(1):23-26.
[3] 姜允芳,石铁矛. 城市生态绿地系统规划[J]. 沈阳建筑工程学院学报,1999,15(1):4-8.
[4] 姜允芳. 城市绿地系统规划理论与方法[D]. 上海:同济大学,2004.
[5] 张庆费. 城市绿色网络及其构建框架[J]. 城市规划汇刊,2002,18(1):75-78.
[6] 吴良镛. 人居环境科学导论[M]. 北京:中国建筑工业出版社,2001:222.
[7] 吴良镛. 人居环境科学导论[M]. 北京:中国建筑工业出版社,2001:38.
[8] 刘滨谊. 三元论——人类聚居环境学的哲学基础[J]. 规划师,1999,15(2):81-84,124.
[9] 刘滨谊. 现代景观规划设计[M]. 南京:东南大学出版社,1999.
[10] 刘滨谊. 城市生态绿化系统规划初探——上海浦东新区环境绿地系统规划[J]. 城市规划汇刊,1991(6):51-56.
[11] 刘滨谊. 风景景观工程体系化[M]. 北京:中国建筑工业出版社,1989.
[12] 李德华. 城市规划原理[M]. 北京:中国建筑工业出版社,2001:42.
[13] 中华人民共和国建设部. CJJ/T91-2002 园林基本术语标准[S]. 北京:中国建筑工业出版社,2002.

第3章
城市绿地系统规划的分形—标度理论

分形既能成就一种"艺术",也能对"艺术"本身进行说明。分形结构的自相似性是存在于一定标度范围内的,运用分形—标度理论对城市绿地系统中绿地形态的演进变化进行分析,并找出其与周边用地结构形态及城市建设历史发展之间的关系,将会形成一种新的城市规划理论研究方法(图3.1)。

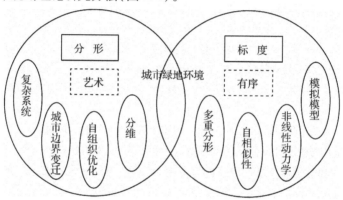

图3.1 城市绿地系统规划的分形—标度理论框架

3.1 分形与城市规划

分形学理论创立于20世纪70年代中期,其研究对象为自然界和社会活动中广泛存在的无序(无规则)而具有自相似性的系统。分形论借助相似性原理探索隐藏于混乱现象中的精细结构;为人们从局部认知整体,从有限认识无限提供新的方法论;为不同学科的规律性发现提供崭新的语言和定量的描述;为现代科学技术研究提供新思想、新方法。

30多年来的发展趋势表明,分形论证被众多学科竞相引入,以巨大而崭新的驱动力推动各学科的新发展。事实上,不同领域现象之间存在着惊人的相似性,因此,分形论有可能成为联结现代各学科的重要工具。尤其是对于复杂的城市系统发展规划研究,涉及城市人口、社会结构和用地形态演变时,常常会呈现出受分形规律影响的无穷层次结构，在这里传统城市规划学科理论往往显得苍白无力，或无从下手；定量化描述自然构型和现象(包括自然的和社会的)能够而且应该成为从事城市规划研究的重要方法之一，尤其是涉及城市绿地系统规划中绿地形态发展和控制研究，它会成为研究深入开展的第一步。

3.1.1 分形的涵义

分形论(Fractal Theory)是美籍法国数学家 B. 曼德布罗特(B. Mandelbrot)在他 1973 年提出的分形几何学的思想基础上建立起的理论体系，分形论试图透过混乱现象和不规则构型，揭示隐藏于现象背后的局部与整体间的本质联系和运动规律。

3.1.1.1 分形的概念

分形是一种具有自相似特性的现象、图像或者物理过程。也就是说，在分形中，每一组成部分都在特征上与整体相似。

分形的原意是"不规则的，分数的，支离破碎的"，故又可称为"碎形"。但事实上远非如此，关于分形有着诸多的解释：

◇ 分形是研究自然和社会中广泛存在的零碎而复杂的、无序而不规则的、非线性的、不光滑的、具有自相似和标度不变性的复杂系统、图形、构造、功能、性质和复杂现象，及隐藏在这些复杂现象背后具有精细结构、内在随机性、局部与整体本质联系的、被传统线性科学(物理学或欧氏几何学)排斥在外的不规则"病态"，不可微的事体或形体。

◇ 分形是在尺度变换(放大或缩小)下具有"自相似性"和"标度不变性(无特征长度)"的，从有限认识无限的特殊规律的科学，即其组成部分(局部)以某种方式(结构、信息、功能等广义分形)与整体相似的形体、事物或现象；或在多个层次上，适当地放大或缩小其几何尺寸，其局部与整体的整个结构、形态、性质等并不因此而发生改变(统计)的形体或体系。

◇ 分形是整体与局部在某种意义下：大小尺度之间的对称性与统一性的集合，是非线性变换下的不变性，是整体观(统一观)、共性观、非二分法的产物，是有规则的不规则性。

◇ 分形是没有特征长度，但具有一定意义(广义)下的自相似图形、结构、性质和形态的总称。

……

虽然有着众多的尝试性定义，但至今仍无一个为人们所普遍接受的分形定义，实际上曼德布罗特最初于 1986 年对分形的定义在这里足已够用了，其描述为：分形是其组成部分以某种方式与整体相似的形[1]，原文为"A fractal is a shape made of parts similar to the whole in some way"，又可译为分形是指由各个部分组成的形态，每个部分以某种方式与整体相似[2]。展开加以说明，分形是指一类无规则、混乱而复杂，但其局部与整体有相似性的体系，可以称这样的体系为自相似性体系，也可以是其他形式的相似性。它包括以下含义：①分形既可以是几何图形，也可以是由"功能"或"信息"架起的数理模型；②分形可以同时具有形态、功能和信息三方面的自相似性，也可以只有其中某一方面的自相似性；③自相似性可以是严格的，也可以是统计意义上的相似，自然界的大多数分形都是统计自相似的；④自相似性是不同尺度上的对称，是跨层次的共性观（分形元或不变性）——同样形态在不同尺度、不同层次上以相同或相似结构的重复构建与变换，其结构套着结构，特征或结构隐含嵌套，具有多层次性和递归性；⑤自相似性有层次结构上的差异。数学中的分形具有无限嵌套的层次结构，而自然界中的分形只是有限层次的嵌套，且要进入到一定的层次结构以后才有分形的规律（通常是幂律）。

图3.2　自然界的分形

除了自相似性以外，分形的另一个普遍特征是具有无限的细致性。即无论放大多少倍数，图像的复杂性依然丝毫不会减少。但是每次放大的图形却并不和原来的图形完全相似（图3.2）。这再次证明：分形并不要求具有完全的自相似特性。

1977年，曼德布罗特出版了奠基性的著作《分形：形、机遇与维数》（*Fractal*：*Form*，*Chance and Dimension*），提出了分形的三要素，即构型、机遇和维数。紧接着于1982年又出版了《自然界的分形几何学》（*The Fractal Geometry of Nature*），这两部著作的出版标志着分形论作为一门新兴学科的建立。

3.1.1.2　有趣的论题——海岸线的长度

相似性在物质世界普遍存在，分形就意味着"自相似性"，曼德布罗特关于"英国的海岸线有多长"的论述，就是一个非常有趣的例子，它看似很简单，但并不容易明确回答。他的答案是，海岸线的长度不是唯一确定的。

不同标度上描绘的海岸线图，都显示出相似的湾、岬分布。每一个大湾中都有小湾和小岬，把这些湾和岬放大后和实际的海岸线仍然相似。正如曼德布罗特所说："当你在一张比例尺为十万分之一的地图上看到的一个海湾或半岛重新在一张比例尺为一万分之一的地图上被观察时，无数更小的海湾和更小的半岛就变得清晰可见了。在一张比例尺为一千分之一的地图上，更加小的海湾和更加小的半岛又出现了。"如果用1 m的尺沿海岸测量，可以得出一个近似的长度；如果改用1 cm的尺去测量，一些微小的曲折将被计入，得到的海岸线长度将会增长。随着测度标尺的变小，海岸线的长度会不断加长，永远不会收敛于一个极限数值，其根本原因就在于海岸线是一个无穷嵌套的自相似结构。总之，对测量对象越贴近，越精细，发现的细节就越多，因为每一既往层次都包含着下一相继层次更多更小的细节（图3.3）。因此，曼德布罗特得出这样的结论：任何海岸线，在某种意义上都是无限长的；在另一种意义上说则决定于测量时所选用的尺的长度。

海岸线就是天然存在的一个分形。事实上，"大自然在所有标度上同时起作用"，自然界的许多事物在其内部的各个层次上都具有自相似的结构，自相似物体不具有特

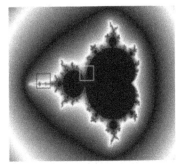  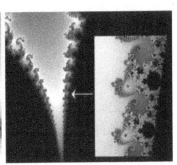

Mandelbrot集合图　　　　Mandelbrot集合局部放大　　　Mandelbrot集合局部放大

图 3.3　曼德布罗特集合图

征标度，它是跨越尺度的对称性；它在不同标度看上去差不多一样，是一种"无穷嵌套的自相似结构"。

3.1.1.3　分形的产生机制与分维

一般认为非线性、随机性以及耗散性是出现分形结构的必要物理条件。非线性是指运动方程中含有非线性项（迭代），状态演化（相空间轨迹）发生分支，是混沌的根本原因。随机性分为两大类，即热运动和混沌，它们反映了系统的内在随机性，而随机性系统未必就是完全无序的。耗散性强调开放性，研究熵变的过程和机制，"有序与无序，物质、能量与信息的相互转换的两大循环"。

系统产生分形结构的充分条件是"吸引子（attractor）"，即一个吸引子就是一个集合，并且使得附近的所有轨道都收敛到这个集合上。非线性耗散系统能产生无规运动，耗散系统的无规运动，最终会成为趋向吸引子的无规运动，而无规运动的吸引子（结果）便是相间的分形结构。吸引子的产生必须以系统发生的失稳为前提，如对称破缺等。

分形的主要几何特征是其结构的不规则性和复杂性，主要特征量可用"维数"来表征。维数是几何形体的一种重要性质，有其丰富的内涵。欧氏几何学描述的都是有整数维的对象：点是零维的，线是一维的，面是二维的，体是三维的。这种几何对象即使做拉伸、压缩、折叠、扭曲等变换，它们的维数也是不变的；这种维数称为"拓扑维"，它是分形的嵌入空间，即欧氏几何空间维数，记为 d。但曼德布罗特认为，在分形世界里，分形的自相似性体系的形成过程具有随机性，体系的维数可以不是整数，换句话说，可以是分数，称其为分数维（简称"分维"，记为 D 或 D_f）。由于分形几何对象更为粗糙，更为破碎，更为不规则，所以它的分数维不小于它的拓扑维，即 $D \geqslant d$。

维数和测量有密切关系。分维所表示的不规整程度，相当于一个物体占领空间的本领。曼德布罗特指出，对于各种分形来说，即使在不同的尺度上，用分维表示的不规整程度也是一个常量，这表明"分维"概念的客观现实特性。分维所表征的正是大自然中规则的不规则性，一个分形的曲线意味着一种有组织的结构。

例如，如果某图形是由把原图缩小为 $1/\lambda$ 的相似的 b 个图形所组成，有：

λ^D = k，那么维数 D = logk/logλ

其中的 λ 为线度的放大倍数，k 为"体积"的放大倍数。

回到海岸线长度的问题。当用直线段来近似曲线时，长度单位减为原来的一半意味着可以用长度为原来的1/2的直线段来近似曲线，则海岸线长度增加程度近似于一个固定的倍数。对于英国海岸线来说，其值约为2.7倍，而 log2.7/log2 = 1.41，1.41 就是英国海岸线的维数。1.41 由于是一个分式所得出的比值，因此人们称之为分数维（分维）。自然界的山，其分形维数在2.2维左右，从2.1维到2.5维画出来的分形图集都有一定的山的效果（图3.4）。分维是衡量分形的基本参数之一。

上图中的山峰图片又是说明分形的另一很好的例子。这张美丽的图片是利用分形技术生成的。在生成自然真实的景物中，分形具体独特的优势，因为分形可以很好地构建自然景物的模型。

图3.4 分形技术画出的山景

3.1.2 分形的系统关系

3.1.2.1 分形与无标度性

具有自相似的曲线及其他具有自相似的事物，实际上是在统计意义上的自相似性（渐近自相似性或随机自相似性），这类自相似性的特点是存在于一定标度（尺度）范围内的，其两端常受到某种特征尺度的限制。具有自相似性的范围称为无标度域。

具有自相似性的物体（系统）必定满足标度不变性，即这类形体没有特征长度（即长短、面积、体积等）。特征长度是指所考虑对象中最具代表性的尺度，如空间的长、宽、高，以及时间的分、秒等。标度不变性是指在分形上任选一局部区域，不论将其放大还是缩小，它的结构、形态、性质、复杂程度、不规则性等各种特性均不会发生变化，故标度不变性又称为伸缩对称性。对于实际的分形体来说，这种标度不变性只在一定的范围内适用。通常把标度不变性适用的空间称为该分形体的无标度空间，其内是分形，在此范围以外就不是分形了。

虽然分形学否定了事物的绝对标度性，即无所谓尺度的差异，而是超越一切尺度；它也不是传统意义的左右对称，而是大尺度与小尺度之间的对称。但是寻求特征标度还是有一定实际意义的，尤其是对于城市绿地系统规划的绿地建设发展来说，需要时间与空间意义上的双重标度定位。

3.1.2.2 分形与复杂系统

任何规则的几何形状都具有一定的特征尺度。比如画一个圆，在特征尺度内观察，它是圆；尺度变小时，就成为一段圆弧；尺度再变小时，就只能看到一小段直线了。对地球的观察也是这样，卫星上的宇航员可以看到地球是一个球体；生活在地球上的人看不到球体，放眼望去，可以看到山川地貌，甚至只能看到一小块平地。然而分形没有特征尺度，它含有一切尺度的要素，在每一种尺度上都有复杂的细节，所谓复杂性就在于此。而分形几何的意义，正在于揭示了无标度性或自相似性，给出了自然界中复杂几何形态的一种定量描述。

分形是复杂系统,其复杂性在一定程度上可以用非整维数描述,复杂系统有各种不同的类型,其所具有的多样性需用不同维数来刻画。生命现象和社会现象都是复杂现象,具有复杂现象的系统成为复杂系统。所有复杂系统都存在三个基本特征:

◇复杂系统由许多基本单元(可称之为细胞)组成。
◇每个单元的状态只有极少数几种。
◇每个单元的状态随时间的演变只由其相邻的单元状态决定。

从复杂系统的特征中我们可以得到一些启示,城市绿地系统中绿地形态的演变是不是也由其相邻的用地结构形态的变化而决定呢?是不是可以通过少数几种绿地的标度完成对绿地形态与管理的控制呢?

3.1.2.3　分形与混沌现象

分形论、耗散结构和混沌是公认的20世纪70年代三大科学发现。

现实世界的绝大部分现象不是有序的、稳定的和平衡的,而是无序的、变化的和涨落起伏的。混沌(chaos)的原意是指无序和混乱的状态,那些表面上看起来无规律、不可预测的现象,实际上有其自身的规律,混沌学的任务就是寻求混沌现象的规律,加以处理和应用。

比利时物理学家 I. 普里高津(Ilya Prigogine)认为有序可以通过自组织过程从无序和混沌中自发地产生出来——混沌和有序同在。因此,需要一门新的学科作为跨越这巨大知识深渊的桥,它的一端是单个对象(如一个水分子、一个人体细胞、一个神经元)的行为,而另一端是成千上万此类对象的整体行为。分形论就是这样一座桥,可以通过分形论研究混沌现象。

1960年美国麻省理工学院教授 E. 洛伦兹(E. N. Lorenz)在研究"长期天气预报"问题时提出了著名的"蝴蝶效应",并在1963年发表的《确定性非周期流》一文中正式提出混沌理论,混沌是一种在确定性系统中出现的貌似随机的无规则运动,这种没有明显的周期和对称,但却有着丰富的内部层次的有序结构,其行为却表现为不确定性(不可重复、不可预测),这就是混沌现象。进一步研究表明,混沌是非线性动力系统的固有特性,是非线性系统普遍存在的现象。牛顿确定性理论能够完美处理的线性系统大多是由非线性系统简化来的,在现实生活和实际工程技术问题中,混沌是无处不在的。

混沌结构的复杂性使现实世界中出现了大量分形几何形体,"无穷嵌套的自相似结构"呈现出总体的混沌。非线性动力学系统一旦进入混沌吸引子区域,就会随机地在吸引子内部四处游荡,但又不能充满整个区域,区域内存在着无穷多的随机空隙,从而使整个混沌区出现维数上的"空洞",呈现分数维。所以,"分形几何学"和"分维"概念已经成为混沌学研究的重要工具。

分形与混沌理论的关系密切,多是以自组织系统为其研究对象的,而含义又各不相同。自组织现象,常常是时空有序的结构,是复杂的系统,用传统的简化方法无法解决。所以,要依靠新的研究方法来处理复杂性的问题,混沌与分形就首当其冲。混沌中有时包容有分形，而分形中有时又孕育着混沌。分形更注重形态或几何特性以及图形的描述；混沌更偏重数理的动力学机制及动力学与图形结合的多方位的描述和研究。分形研究的多是有自相似性的系统；混沌涉及面更广，包括所有的有序与无序现象。分形可以是混沌研究中一种手段或方法等等。总之，目前要较详细和系统地阐明分形与混沌的关系及差异，还比较困难，还有待混沌与分形理论进一步的深入拓展和完善。

3.1.3　城市边界与绿地形态的变迁

3.1.3.1　地表、山峰、江河与湖泊的分形性

地球表面陆地约占30%，陆地地形通常是粗糙和不规则的。在某些情况下，高低起伏的地表具有一定的分形性。研究结果显示地表分维介于2与3之间，而山体的轮廓线、湖泊的湖岸线、海滨的海岸线都是线型分形，分维介于1与2之间[2]。

地表的江河溪流组成了水系，水系的主流(主河道)有许许多多支流，每条支流又有着各自的小支流。大的水系可以有多层次的分支结构(图3.5)。从统计意义上看，各层次的支流都与主流(主河道)相似，是主流(主河道)的缩影。也就是说，分布于地表、滋润着大地的江河，是大自然在地表描绘的天然分形曲线，其特征可以用分维来表征，分维约为1.7左右。

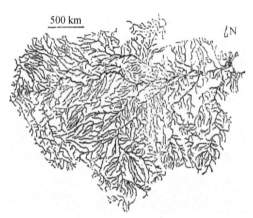

图3.5　亚马孙河水系图

3.1.3.2　城市边界的变迁

自然地表具有分形性，那么人类进化发展的产物——城市，由于与自然界有着的密切的互动和物质能量交换，也应是分形的。城市边界受到多种因素的影响，随着时间的推移，这些因素在不断变化，其中包括政治变化、战争、城市发展、工业交通、运输状况、建筑技术、社会管理及自然生态环境制约等。由此可见，城市及其用地边界的变迁过程，能够得到多方面的信息。

城市规划工作者在实际工作中常常发现，城市边界线的形状由于受到多种因素的制约，常常是很复杂的，有时具有分形的特征，是可以用处理海岸线的方法来处理城市及其用地边界线的，同样可以计算其分维。随着时间的流逝，城市边界线发生变化，分维值也随着变化。于是分维值与城市的历史进程相联系，通过分维 D_f 的研究，就可以捕捉到一些曾在这个城市发生过的历史事实。

英国威尔斯大学理工学院市镇规划系主任 R. 巴迪教授(R. Badii)对城市边界变迁的分形性质做过研究，获得不少有意义的结果。他曾对英国威尔士地区加的夫市(Cardiff)的三张不同年代的精确军事地图做了分析，分别计算了这三个时期城市边界线的分维值。

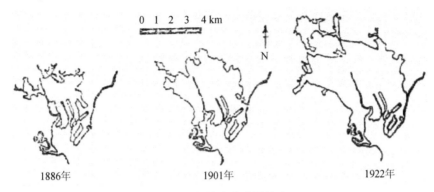

图 3.6 加的夫市边界演变

图 3.6 为加的夫市 1886 年、1901 年和 1922 年的边界图。与海岸线类似，其边界线的总长度 $L(r)$ 与标度 r 的关系为 $L(r)=Cr^{1-D_f}$，或写成：

$$L(r) = Cr^{-\alpha} \quad (3.1)$$

式(3.1)中 α 称为标度指数，与分维的关系为

$$\alpha = D_f - 1 \quad (3.2)$$

$\ln L(r) \sim \ln r$ 的双对数曲线图(图 3.7)，发现在三个时期 $\ln L(r)$ 与 $\ln r$ 之间并不存在严格的直线关系。说明分维 D_f 与标度有关。可以假定：

$$\alpha = \lambda + \eta r \quad (3.3)$$

式(3.3)中 λ 和 η 都是常数，比较式(3.2)与式(3.3)有：

$$D_f = 1 + \lambda + \eta r \quad (3.4)$$

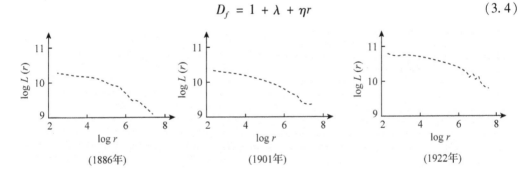

图 3.7 加的夫市边界周长与标度的关系

显然，D_f 随 r 变化，当 r 增大时，分维 D_f 也随着增大。

从图中可以看出，加的夫市边界线的分维值，三个时期依次下降，特别是 1886 年到 1901 年之间分维值有较大的跌落。研究表明，这个时期人口大大增长，从 80000 人增长到 230000 人，城市规模迅速扩大；城市交通的发展，电车系统形成；住房建筑风格发生显著变化，维多利亚时代的建筑风格被更为宽敞的郊区住宅建筑所取代；19 世纪中期，支配加的夫市发展的地产不再是十分重要的产业，而工业起到更重要的作用，形成工业繁荣发展的时期。这些历史进程，促使城市加强用地规划的整合，形成比以往更为规整的边界形态，使得相应的分维值发生跌落，这是符合分形规律的。从这个

案例中，我们看到了城市边界线的随机分形性质，同时也可以发现分形论应用的又一新领域。

分形思想的基本点可以简单表述如下：分形研究的对象是具有自相似性的无序系统，其维数的变化是连续的。这是目前研究最多且应用最广的分形，为了区别起见称这类分形为线性分形。从分形研究的进展来看，近年来，又提出若干新的概念，其中包括自仿射分形、递归分形、多重分形等等，有些分形并不具有明显的自相似性，正如定义所表述的，局部以某种方式与整体相似。本论文中对城市绿地系统规划的研究只限于线性分形，线性分形并不意味着其动力学机制是线性的。

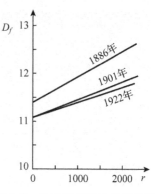

图3.8 分维与标度的关系坐标

"非线性"是与"线性"相对而言的。线性关系就是呈直线关系、一种可叠加的关系，是确定性的理论体系；非线性是指含有非一次函数项，非线性系统是不可简单叠加的系统，大量突变、不规则变化和复杂行为均与非线性有关。简单说，以前科学的重心在于研究线性现象，构造了大量线性理论，所有学科都是如此。后来发现在自然世界中非线性才是大量存在的，而线性只是特例。当代科学技术虽然高度发达，但它对于广泛存在的非线性现象所知甚少。分形迭代体现了结构与图式的生成关系，从存在论的角度看，它本身可以有哲学的、美学的、科学的各种理解；从生成论的角度，形态发生的角度看，分形从一个侧面道出了迭代的规律。仅就艺术而言，用分形迭代的思想可以解释艺术创作过程本身。

3.2 标度与城市绿地环境认知

3.2.1 标度问题的难度

标度理论是指任何自然的与社会的进程都有其特定的时间与空间域（即标度），标度定律是有关数量级的定律，用于确定一个体系的关键参数之间的相关性，指出决定该体系行为的基本行制。普适的标度定律并不能精确预测城市发展进程，但无疑它是研究更深刻的现象与原理、揭示内部发展机制的线索。当然，这也会使相关的研究处于一种困难的境地。

一方面，当我们有意识地面对标度时，需要对其加以准确地把握，使得各种进程都能各行其是，既能在时间上恰到好处，又能在空间上远近适中。

另一方面，虽然短期内空间有限扩展的进程常常会以一种线性方式（或一一对应的确定方式）发生，但无论从理论认识还是以经验而论，我们都知道现实世界中所谓线性标度少之又少，而非线性才是普遍现象。因此，若我们并非有意识地思考标度问题时，往往会进入一种无标度（scale-free）的认识状态中。

西方传统思想认为，普遍的标准能反映出自然界与人类社会中的万事万物，世界是有序的。非线性标度的观点与之相冲突，但我们仍可以用近似于地图制图式(map)的表达来描述这个世界——研究领域内的"标度"就像是根据不同的目标用同一地形图缩放绘制不同的版本，即根据实际需要采用更广泛更有效的坐标来对现实世界进行类似于图表复制的描述。

无标度思想的根源是"空想"(Metaphysics，或形而上学)，预设(presupposition)是现代科学思维的基础。对"空想"的认识源自于英国著名哲学家、历史学家 R. 柯林伍德(R. G. Collingwood)的著作《论形而上学》(An Essay on Metaphysics)[3]。该书提及，为了进行系统的自然科学研究必须接受(或承认)一些无需探究的预设。"预设"观念的提出至关重要，科学预设的必要性类似于语言学预设的必要性，柯林伍德致力于寻找现代科学的主要预设，在他看来预设就是均衡一元世界中的绝对空间和绝对时间及其一一对应的因果关系。

标度问题背后的形而上学尤为突出：一旦把绝对空间、绝对时间及其因果关系看做是预设，标度就成为一项技术性的操作。所有的自然进程都最终要在一个有序的世界中发生，其中的万事万物都有其自身的位置、时态和起因，当然，依据单体的大小、进程的快慢彼此会各不相同，但总可以找到外部的参考标准评定其间的差异，就好像伽利略相对运动定律所描述的那样，船只间的相对运动可以通过参照河岸来确定。然而要进一步地认识预设就需要检验实际研究行为，比如，通过物理学思考"现象学原理"与"基础性原理"间的差异来再现有关时空矩阵模型(matrix)的预设，"基础性原理"由"第一原则"而来，并最终形成物理学的实质，因此只有基础性原理才能做到把观察到的现象统一成为一个整合的世界观；相反，现象学原理即便采用严格的数学模式也只能停留在事物的表面。这种差异正如法国女科学哲学家 I. 斯唐热所说："实际上人们在认识这些理论工具之前，已经用这些理论来表达他们的判断了。"[4]

基础性物理原理也许与日常现象会有所冲突，其中之一就是时间的可逆与不可逆性。根据基础物理原理，时间应是可逆的，但在人类现实世界中，时间明显是不可逆的，可是"物理学基础性原理并不认可这种不可逆性"[4]。如果时间是不可逆的，那么在物理事件中偶然性就将起着重要的作用：未来将要发生的事件会在当前发生或已经发生的事件的基础上以一种无法预知的方式呈现，换句话说，当前事件在向将来演进时有可能会偏离现有的时间域，即时间的标度是多样化的。可一旦日常生活中不确定事件频繁出现，那些信奉一切依循天意的盲目乐观的"老实人"(candidean faith)就不得不背上"释义"的重负，忙于用所谓的教义去解释为什么会出现那些"意外"。另一方面，那些"不老实的人"就会认真地思考时间标度，并试着找出各类当前事件间不同的时间域(历史)关系。

总之，只要研究人员还在接受经典科学中的那些重要预设，标度问题就会遇到不少困难，要么相信宇宙是有序的——万事万物都按其事先预定的位置与步骤发生，要么就只能说是上帝的安排了。德国 17 世纪哲学家莱布尼茨正是伏尔泰最初创作老实人

(Candide)这一形象的原型，哲学家肯定无法决定科学家的所作所为和他们的信仰，但是哲学家却可以为同时期的科学家们表达他们的科学信念，再现他们的科学研究实践，这也正是莱布尼茨感兴趣的地方。

3.2.2 标度的必要性：非线性动力学

对不同的标度需要有不同的考虑，这是由远离平衡态的非线性系统动力学所决定的，G. 尼科里斯(G. Nicolis)和 I. 普里高津在其合著《探索复杂性》(Exploring Complexity：An Introduction)中对此有着深入的论述[5]。在非线性世界中，由于特殊现象的动力学特性依赖于其特殊的时空域，因此标度是非常重要的。非线性系统轨迹的相位空间可以分成几个独立的吸引盆(basins of attraction)，而这些吸引盆的边界常常是包含在系统动力学中的。系统的轨道在某一时间内会停在某一吸引盆中，即使没有明显的外因，由于各种变量间的相互作用也会转移到另一吸引盆中。近来某些学者试着重新认识生态学中的非线性动力学模型，他们同样发现在非线性动力系统中，微观事件是不会直接转化成宏观事件的，也就是说，在非线性世界中，一旦特征域的边界出现交叉，其对应的事件与现象就不只是"有可能"而是"不可避免"地要发生变化，因此必须要有足够充分的标度。

标度理论体系的建立过程(即标度实践应用的历史)与非线性动力学的建立密切相关，其间穿插着两条主要线索：一条是远离热力学平衡态的自组织现象(self-organization)，一条是混沌理论(chaos theory)。前者主要形成于普里高津及其合作者的研究工作，后者源于法国数学家 H. 庞加莱(Henri J. Poincaré)的数学直觉知识，并在20世纪60年代逐渐形成为成熟的理论体系。

非线性动力学体系的建立是一个有趣的过程。20世纪前半叶科学家们面对混沌现象尚难以把握其观察到的现象实质。非线性的进程也许无法用线性数学来描述，但另一方面，借鉴线性数学在其适当领域的成功之道可以解决诸多非线性问题。这种方法论的意义再次强调研究实践的重要性，并进一步促使多伦多大学的 I. 哈金[6]通过实验室科学(laboratory sciences)指出实践研究是科学研究的稳态(stabilization)。稳态是一个历史的过程，它不能简单地设定；相反，稳态是需要解释的，正如哈金所说："一旦实验室科学成立，他们实际上就会产生一种自证明的结构(self-vindicating structure)以保持其自身的稳定性，这正是我对稳态的解释。"[6]

在某种意义上，研究的稳态是随其自身的标度而定的。按照一般观点，各种理论应当保证彼此之间的逻辑连贯性，并依此把不同的学科联通起来。在不同历史时期，跨学科的稳态已经发生了诸多变化，18世纪是牛顿经典力学理论的盛行期，但到19世纪它就日渐势微，至19世纪后期统计力学为从物理学到生物学、经济学等多学科的稳定发展提供了新的理论基础，最终也无法适应科学发展的需要。研究的稳定态在一定的时空域内发生，其空间上跨越多学科，时间上则延续数代科学家及其研究工作。在经典力学的理论与方法实践中，有一种认识根深蒂固，即伽利略坐标已足够整合空间大小与时间长短的问题,例如19世纪的地理学与生物学中的均变论,以及物理学中的统计力学。但在非线性系统中,只有严谨的标度(而不只是坐标)才能准确把握系统的动态特性,即使无法事先确定标度与过程之间的关系,我们也要找出方法把这种概念延续到研究实践中。

质变由单一渐进的变化而来,通常提及的例子就是贝纳对流(Bénard convection)实验,在平底的导热器皿中盛放一层薄薄的液体,并从下面缓慢加热,达到一定温度时就会出现"对称破缺"(symmetry breaking)现象,液体中出现类似"蜂窝"的闭合对流网格。贝纳热对流触发前后各自特征标度的估测有着巨大的差异,热对流之前的液体运动方式是布朗运动,其标度级为 10^{-8} cm;而在循环闭合对流触发的那一刻,其标度级猛增到 10^{-1} cm,也就是说提高了七个数量级。因此,可以说相关标度由其过程本身决定,在实验室控制条件下,我们可以得到感兴趣的系统状态,但在外部非室内环境中会怎样就不得而知了。作为一个观察者其主要任务就是提出问题找到方法以确定相关系统的动力学,包括各种不同状态下的系统稳定条件,这都需要恰当的语言描述和解决方法。

从另一角度来说,影响复杂系统的特征变量的极端值是不规则的,它在非线性动力学中有着重要作用,这种极端值就是突变(transients),突变在生化进程与科技体系[9]中也极为重要,例如船只倾覆与建筑物坍塌的临界值。这是一个方法论的挑战——突变(临界)值是无法用均变论的方法来确定的,它是不遵循正态分布(normal distribution)或大数定律(law of large numbers,又称大数法则)的异常值。

总之,标度对于确定一个系统内各参数间的相关性及其行为机制是极为关键的,城市绿地环境建设是一个非线性的动态发展过程,通过环境分形—标度找出其中某些动力学特征,对于研究城市绿地环境的历史发展进程和绿地形态控制有着重大的意义。

3.2.3 探索性的视角

研究工作是一个认知过程,这是仅凭演绎推断来研究所无法替代的,因此很难用惯常的公理来演绎出准确的标度,更不用说从"一般坐标理论"来进行标度了。我们可以从已有的理论方法中获取一些启发式的线索和一般性的指导原则。

首先,多重标度(multiple scales)就是"塑造分级序位体系"(forming hierarchies),例如生命结构就是一系列的分级组织体系,从细胞(或亚细胞体)到组织、群落、生态系统、生态群系,最后是生物圈[7]。实际上,在任何系统的历史进化进程中,序位体系各级层面标度的些微分化都是系统稳态的必要条件[8]。

在分级结构中,依据各级单体的再生速率,彼此间的时间与空间标度产生联系,单元越小其更新周转的速率越快。这种结构体系在生命组织中体现得更明显:细胞平均突变时间要比细胞中的子系统(如线粒体、核糖体等)长,而细胞子系统的突变时间又比生物活性高分子(如各种酶)更长。正如美国生物学家 B. 哈斯(B. Hess)所说,通过这样的快慢进程的相对排序,空间的大小转化成了时间的长短——较慢进程所决定的结构次序形成了较快进程的基本结构[9]。同样在绿地系统中，小型绿地（如街头广场、组团绿地等）其更新的周期也比大型绿地（如公园、风景名胜区等）要快得多，当然现实城市规划中绿地的分类等级要更复杂和细微。

生态生物地理学是分级标度（hierarchical scaling）的另一个应用领域，不同的生态与进化过程发生在其各自特征的时—空域中（过程本身创造各自的时—空域）。漫长的生命进化历程与大陆漂移空间变化密切相关；同样生物地理学也对生命历史进程有影响，从生物进化变异与生物种群动态机制，一直到个体组织的生命历程。

分级结构体系有时被用来作为生态学标度的基本理论之一，C. 迪科（Charles Dyke）在《复杂系统中的动态进化机制：生物社会学复杂性的研究》（*The Evolutionary Dynamics of Complex Systems：A Study in Biosocial Complexity*）一书中明确指出的，在不同级别的进程之间并没有像分级结构所要求的那样有着明显的脱离关系[10]，他关于私人企业与国家金融系统间关系的论述就是很好的例证：

"对于系统中堆叠的层次关系，我们可部分地采用一些概念化的方法。……比方说，在国家货币流通与金融体系中，要完整地认识私人企业的稳定性就必须考虑到国家经济的稳定状况；同样，稳定国家经济也部分地依赖于个体经营的稳定性。……个体商号是国家经济的组成部分，但在某种意义上说国家经济也是私营经济的一部分，因为私人企业在考虑其经营决策时必须使国家金融和税制等政策机制融入到自己的内部运营中。因此，（在整个体系中）不可能有非常明确的分级分层关系。"

实际上，行业系统针对外部环境特征使之内部化是一条普适的经济学原理，它对于生态学标度同样适用[11]，这就意味着需要评测不同分级层面个体间的动态关系，因此分级结构系统中的单个层面很难形成一个独立的动力学体系；在城市绿地系统中合理布局、综合建设与控制各级各类绿地是形成一个稳定的城市绿地系统的关键，它包括方方面面的绿地动态关系的调控与建设，比如把城市绿地系统总体规划的诸多相关要求纳入到城市绿线控制性详细规划中，使之在得以贯彻的同时也能保持与控制性详规的互动。

另一条线索就是确定自相似性模式（或分形结构）。生命组织研究遵循的是生物"标度定律"或异速生长规律（allometric principles），相关著作有英国学者 D. 汤普森（D. Thompson）的《论生长与形式》[12]。异速生长规律由机体组织尺寸（通常用体重来衡量）与其生理或解剖特征（如长度、代谢率等）之间的某些特征规律演绎得来，其异速生长关系可以用幂函数表达：

$$Y = Y_0 M^b \quad (3.5)$$

式（3.5）中 Y 为因变量；Y_0 为常量；M 为体重或其他自变量；b 为指数标度。

式（3.5）两边取对数，函数反映在双对数坐标图中就是一条斜线，指数 b 是直线斜率，因此，在生物标度定律（生物标度关系）中，幂函数的指数多是 1/4 的倍数，称之为"二次标度"。例如，在用对数标度表达机体组织代谢率与体重之间函数关系时，那些标度点的位置几乎都在斜率为 3/4 的直线两侧分布（体重范围从 $10^{-12} \sim 10^6$ g）[13]。

自相似性生物标度定律中涵盖一系列的时空标度。一方面,自相似性是动力学原理贯穿时空序列的后果,如生物数学家 N. 拉舍夫斯基(Nicolas Rashevsky)在其《数学生物物理学》(Mathematical Biology)、《生物学的物理数学基础》(Physico-Mathematical Foundations of Biology)等著作中的学术理念。另一方面,自相似性又是一种统计学的产物(未用到动力学原理),生物学中所谓"物种—面积"关系(species-area relationship)就是一个很好的论证。以海岛生物为例,物种数量与海岛面积间是正相关的函数关系,其物种—面积关系大体上可以用一个幂函数来表达:

$$S = cA^z \tag{3.6}$$

式(3.6)中 S 为物种数量; c 为常数; A 为海岛面积; z 为指数,相对孤立的海岛上其指数 z 值范围在 0.20~0.35 之间[14]。

对于物种—面积关系的解释是生态学中一个颇具争议的课题,一般看来海岛面积大小的不同会带来物种丰富度变化机制的不同;但数据统计结果却显示,即便是海岛面积值范围扩大,统计结果仍是极其近似以至于相关数值取对数后其对应的点列对数坐标图是一条直线。

图 3.9 建设前的厦门筼筜湖景观

图 3.10 建设后的厦门筼筜湖美景

在社会、文化领域中,以自相似性为基础的跨时空标度模式也许是针对社会—文化标度行之有效的方法。例如,D. 汤普森(D. Thompson)于 1998 年发现运用 M. 道格拉斯(Mary Douglas)等人的文化学理论,通过共享动力学把社会制度环境与个人行为模式融为一体,可以在人类社会各个层面中再现社会行为组织模式的基本型式;道格拉斯把社会等级分工的自然化视作稳定社会体制的规律之一。当然,相对于机体组织解剖学或生理学的分形结构,认识并详述社会、文化领域内的分形结构要更困难,也不需要有最终的论证;虽然城市绿地环境的分形结构不难把握认识,但由于其与社会文化领域的诸多方面密切相关,所以也没必要做过多详尽的论证——只需依据动力学原理,把重点放在相关城市绿地环境的分形自相似性及其社会文化层面的相似模式;从方法论角度来看,分析城市绿地环境的历史动力学模式才是首要任务之一,从中可以找出城市绿地的时间标度对绿地建设发展的控制因素(图 3.9、图 3.10),笔者将在第 4

章和第 7 章中对此进行论述。

3.2.4　怎样标度"环境问题"

　　这里的环境问题只是指那些涉及自然与社会诸项要素的特定过程，这些过程都呈现出各自特征标度，所以说在解决城市绿地环境问题时离不开"标度"。但问题是：所有能观测到的非线性或自组织的现象与实例大都属于自然科学范畴并通常有着严格的数学定式，应用到如"环境问题"般模糊多变的领域是否合适呢？

　　不同的数学分支可以用作不同的分析工具，同时又能根据研究目标的特定假设来决定用哪种数学工具。H. 庞加莱（H. Poincare）对于 19 世纪数学应用的作用是这样描述的[15]：

　　"人们会问，为什么自然科学的概括论述可以很容易地采用数学形式……那是因为可观测现象是由大量彼此类似的基本现象'叠加'（superposition）而成，因此很自然地就引入了微分方程（定性理论）。"

　　庞加莱的观点得到了不少认可，系统的特性决定适用的数学方法类型。如 19 世纪物理学用到了微分定性理论，而在其后的混沌学研究中数学方法尤其是拓扑学也取得了显著成效[16]，当我们把某种数学方法应用到某一领域时，实际上我们事先已经相信该领域的基本现象能够满足此类数学研究的要求。

　　用数学方法表述定式结构，与用其他方法表达相关概念没有本质不同，只是应当搞清楚社会文化系统内定式应用的困难（错综复杂）是什么。I. 哈金认为困难之一是社会学研究对象的"交互性"，即其研究对象的自我诠释会随着研究结果的变化而变化；这明显区别于自然科学研究对象的"科学性"，自然科学研究中的自我诠释行为不会发生变化。另一个困难是在重大社会事件中，大数定律缺乏实用性。重大事件都有其独特性，即政治是"可能性的艺术"，政治人物关注的是"突发事件"（transients，突变）。前面提到过自然科学进程中的突变也是很重要的，但自然科学进程的参与者却从来没有主动去创造过突变，这是两者的区别所在，也是社会文化领域数学标度研究的困难之一。

　　考虑到上述错综复杂的困难，我们可以试着从自然科学中借鉴动力学的相关语汇与方法来分析人类社会与文化中的城市环境问题，当然作为一种有效的分析手段，动力学必须用于有动力学特性的系统中才行。迪科认识到这种可能性，他认为就像非线性过程远离平衡态一样，社会文化进程也有其发生的时、空域。当代社会学家 H. 加芬克尔（Harold Garfinkel）[17]和迪科相继发现，在预设正确的条件下方可分析特定社会文化进程中可能的时空发展轨迹，即背景预设为观念思想提供了相空间（a phase space for ideas）。

　　环境问题在激发调动人的行为活动同时，其自身也会带来某些实质性的议题，例如长期的环境危机总是地方议会的重要议题，L. 索帕加维（L. Suopajävi）在分析芬兰拉普兰德（Lapland）地区水电建设项目时，发现当地政府针对其间"建与不建"的冲突就分成两派："主张建设"与"保护环境"，这打破了原本政治阵营间的界线。总之，环境标度议题已经跨越了物质与非物质的分界线，在城市绿地环境建设中牵扯的利益关系也是多方面的，不只是在图中划一根绿线那么简单的问题，如何协调绿地环境标度中各种物质与非物质因素间的关系是非常关键的，也许不会因为多了一点绿地就出现明显的社会经济效益，但被其他用地占用而少了一块绿地必定会引发一系列的社会问题。

3.2.5 解决方法：模拟模型（analog models）

怎样对环境问题进行分析呢？可以借鉴尼科里斯和普里高津对贝纳对流的研究，这是一个相对简单而易于理解的自组织系统实验，在这里他们就用到模拟模型来验证简单物理环境中对称破缺的意义。另一个较著名的模拟模型就是气象学家洛伦兹用"蝴蝶效应"来说明气候变化的不可预测；钟摆也是谐振器的模拟模型。

上述每一个模拟模型使得其对应的非线性动力学特性更容易理解接受，如对称破缺、不可预测性、振动、多维度等，而对特定模型的研究也有助于说明过往那些争论不清的学术理论，如洛伦兹的研究就指出了"整体"与"局部"间复杂性关系，空气中每个独立的气体分子运动遵循着经典力学中分子运动规律，但当分子足够多形成气候时，就呈现出一种全新的动力学运动模式，在这里通常所说的"整体大于局部"的概念就变得模糊不清了。

非线性科学研究的是特定结构系统，使之能定性地运用到其他"足够类似"的系统研究中，有一个较为棘手的命题：什么是"足够类似"？相对于那些一般模式相似而具体细节却有无穷差异的系统来说，"相似性"与"差异性"原本就是一对非常复杂的属性组；物质特征上几乎没有什么共性的系统之间却能共用一般动力学的相关概念（如"对称破缺"或"吸引盆"等），例如对于研究气候变化或思维活动来说，"吸引盆"都是一个非常有用的概念。

确定合适的分析单元，其本身就是一个重要的方法论命题。譬如，怎样把握对多相系统现象（heterogeneous phenomena）取平均值？通常是可以用取平均值的方法来描述多相系统的内部运动，这是环境学物理表达的标准程序之一，可一旦均值涵盖了过大的单元数，其动力学特性就会消失。以"粉虱－荚蒾系统"（whitefly－viburnum system）为例，由于其在非常微小尺度的块状动力学特性，可以"先动力学分析处理，再取平均值，而不是先取平均值再动态分析"。[16]这都说明应当灵活运用合适的分析方法。

应当先搞清楚一般分析单元的容量大小，也就是上面所说的确定合适的分析单元是研究命题的一部分。城市绿地环境建设趋势分析就是一个很好的应用，如针对城市某城区绿地的历史变化趋势进行标度分析，找出其中存在的动力学发展机制，对于城市绿地建设的合理布局、形态规划与建设节奏的控制都是非常有益的。

3.3 小结

本章在简要介绍分形学与标度理论的相关内容的基础上，对分形—标度理论作用于城市规划、城市环境与城市绿地系统的部分应用研究进行了分析和阐述,并试图找出其中内在的动力学机制,为用数学方法表述城市绿地发展结构提供了理论背景,可以发现城市绿地分形体系的论证将是一个复杂而有趣的研究过程,将在下一章中讨论。

参考文献

[1] 林鸿溢,李映雪. 分形论——奇异性探索[M]. 北京:北京理工大学出版社,1992:21,117.

[2] 李后强,汪富泉. 分形理论及其在分子科学中的应用[M]. 北京:科学出版社,1993:3.

[3] R. G. Collingwood. An Essay on Metaphysics, Revised Edition (original 1940)[M]. Oxford:Oxford University Press, 1998.

[4] I. Stengers. Power and Invention:Situating Science[M]. Minnesota:University of Minnesota Press, 1997.

[5] G. Nicolis, I. Prigogine. Exploring Complexity:An Introduction[M]. New York:W. H. Freeman and Company, 1989.

[6] I. Hacking. The self–vindication of the laboratory sciences. In:A. Pickering(Ed.), Science as Practice and Culture[M]. Chicago:the University of Chicago Press, 1992.

[7] S. N. Salthe. Evolving Hierarchical Systems[M]. Coumbia:Columbia University Press, 1985.

[8] H. A. Simon. The architecture of complexity (reprinted in The Sciences of the Artificial, MIT Press, 1973)[M]. Proc. Am. Philos. Soc., 1962.

[9] B. Hess. Biochemical regulation. In:M. D. Mesarovic(Ed.), System Theory and Biology[M]. New York:Springer, 1968.

[10] C. Dyke. The Evolutionary Dynamics of Complex Systems:A Study in Biosocial Complexity[M]. Oxford:Oxford University Press, 1988.

[11] Y. Haila, R. Levins. Humanity and Nature:Ecology, Science and System[M]. London:Pluto Press, 1992.

[12] D. Thompson. On Growth and Form[M]. Cambridge:Cambridge University Press, 1945. A Bridged Edition, Edited by FTBonner, 1966.

[13] J. H. Brown, G. B. West(Eds.). Scaling in Biology[M]. New York:Oxford University Press, 2000.

[14] R. H. MacArthur, E. O. Wilson. The Theory of Biogeography[M]. Princeton:Princeton University Press, 1967.

[15] H. Poincaré. Science and Hypothesis[M]. New York:Dover Press, 1952.

[16] I. Stewart. Does God Play Dice? The New Mathematics of Chaos[M]. London:Blackwell, 1989.

[17] H. Garfinkel. Forms of Explanation:Rethinking the Questions in Social Theory[M]. New Haven:Yale University Press, 1981.

第 4 章

城市绿地系统空间结构的标度定律与分形模型

近年来,若干复杂先进的科学理论逐步引入到城市规划研究当中。城市绿地系统规划研究不断面临诸多问题与挑战,如研究滞后于城市绿地建设的发展、严重忽视绿地系统规模等级特性等。结合城市绿地系统在空间上表现出的复杂系统特征,通过应用分形理论对城市绿地系统尺度等级进行研究,以期为复杂理论在城市规划中的应用提供有益的探索。

分形(fractal)理论是 20 世纪 70 年代中期以来发展起来的一种新理论,其基本特征是具有自相似性、无标度性,就目前的研究成果来看,分形理论是研究和揭示复杂的自然现象与社会现象中所隐藏的规律性、层次性和标度不变性的有效理论之一。

运用分形—标度理论,以厦门市城市绿地系统为例,阐明城市绿地系统空间结构具有分维与自相似的动力学性质,以期通过城市绿化历史演变、现状空间发展和生态环境建设等多方面的时空标度要素,实现城市绿地合理优化的空间布局和时间整合,真正体现出"合理的艺术"与"整体的有序"。

4.1 城市绿地模型的部分数学抽象与理论推广

4.1.1 中心地理论及其在城市绿地系统中的应用

中心地理论是城市地理学揭示规律、解决问题的重要方法之一。面对社会发展转型、技术进步及其带来的城市与区域巨变,中心地理论以动态的眼光审视中心地系统外部条件、内部要素和组织形式与机制变化,包括人口再分布、城市体系重组、全球产业网络兴起等宏观背景以及现代交通条件、信息技术发展、RS、GIS 和现代统计手段应用等技术变革。

中心地理论由德国地理学家 W. 克里斯塔勒(W. Christaller)于 20 世纪 30 年代提出,但直到 20 世纪 60 年代才开始引起学界的注意[1],该理论不仅开创了城市发展体系探讨的先河，也为城市规划与地理学的理论研究和计量分析奠定了基础。此后德国学者 A. 劳奇（A. Lösch）、美国学者 M. 贝克曼（M. J. Beckmann）、M. 沃尔登伯格（M. Woldengerg）等都在一定程度上推动了中心地理论的发展。分形理论创立以后，S. 阿林豪斯（S. L. Arlinghaus）等经研究发现，中心地等级体系可以借助分形生成出来[2]。早在 1980 年代，耗散结构创始人普里高津等曾经通过贝纳元胞与 Christaller-Lösch 中心地六边形景观的类比，在一系列的研究中借助耗散结构理论模拟生成

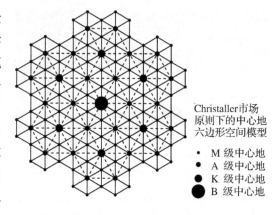

图 4.1 中心地空间结构与等级体系

了静态的 Christaller-Lösch 中心地空间图式，并发展了若干模型系列来处理中心地等级景观，包括城市内部标度和城市体系[3][4]。研究过程发现，城市绿地系统规划中"半径 300 m 内（特大城市及大城市半径 500 m 内）区域有一处绿地"的均匀布置绿地的规划实践明显具有中心地景观模型特征，当然要做到绿地的对称均匀分布在城市环境中必然由于历史等诸多因素而发生对称破缺，只要引入某一类城市增效器（urban multiplier）的正反馈[3]，其晶态结构将非晶化，从而出现与现实城市绿地系统空间状态相类似的随机分布（图 4.1）。基于这种模拟结论，从中心地理论在城市绿地系统中体现的基本假设出发，可以发展一组具有普适意义的标度定律，从这组标度定律中又可以引导出某些分形结构的幂律分布，只要现实数据拟合的幂值不为整数，就意味着城市绿地系统中的绿地构成具有分维性质，从而有可能寻找到城市绿地系统空间优化分布的理想维数。

4.1.1.1 数学抽象

中心地体系构成的嵌套原则就是低级中心地和市场区被高一级的中心地和市场区所包括，高一级的中心地和市场区又被更高一级的中心地和市场区所包括，像这样从低级到高级重重嵌套。克里斯塔勒认为高级中心地既有低级中心地的全部职能，也有自己的特有职能，这些职能有较高的门槛和较大的服务范围。城市绿地同样具有类似的序位体系，大型公园绿地拥有街头组团绿地的所有职能，辐射范围更广且有较高的认知度和门槛（如门票、内部设施等）。假设用自然数自上而下表示中心地的等级，且将一、二级视为一个整体，个数为 $N_1 + N_2 = k$，各级中心地数也是 k 的倍数。从第二级开始，各级数目可以表示为：

$$N(m) = (k-1)k^{m-2} = N_1 k^{m-1} \tag{4.1}$$

式(4.1)中 $N_1 = (k-1)/k$，$m = 2, 3, \cdots$ 为中心地（城市绿地）的级别，$k = 3, 4, 7$。对于 k_3 体系，当 $m=2$ 时，$N(2) = 2 \times 3^{2-2} = 2$；当 $m=3$ 时，$N(2) = 2 \times 3^{3-2} = 6, \cdots$，其余依次类推。这就是克里斯塔勒所谓的"中心地数以及其分属于各级类型的补充区域数，以几何级数形式，从最高级类型向最低级类型变化。"[1]

利用三角函数和平面几何知识容易导出，较高级中心地之间的距离是下一级中心地距离的 $k^{1/2}$ 倍。用公式表示就是：

$$L(m) = L_1 k^{(1-m)/2} = L_1 \sqrt{k}^{1-m} \tag{4.2}$$

式(4.2)中 L_1 为最高级中心地间的距离或服务范围的倍数 $m = 1,2\cdots$ 为自上而下中心地的级别。实际调查结果与理论预期大致接近，以大中城市为例，最低一级城市绿地间的距离一般为 1.1~1.7 km，平均 1.32 km，半数为 600 m，大约相当于当年人们去集市的距离，也与研究要求的绿地服务半径不小于 500 m 相近。

式(4.1)、(4.2)实际上是两个标度定律(scaling law)，底数 k 的本质涉及到不同等级的比率，分维的估算与 k 值有密切关系。将式(4.1)、(4.2)进一步抽象为如下标度定律式中：

$$N_m = N_1 r_n^{m-1} \tag{4.3}$$

$$L_m = L_1 r_l^{1-m} \tag{4.4}$$

式(4.3)、(4.4)中 N_m 和 L_m 分别是 $N(m)$ 和 $L(m)$ 的另一种表示；$r_n = N_{m+1}/N_m$ 为数目比；$r_l = L_{m+1}/L_m$ 为距离比。

4.1.1.2 模型推广

从上述标度定律出发，导出关于城市体系的分形模型。由基于中心地理论的式(4.1)、(4.2)容易得到下式：

$$N_m = C L_m^{-d} \tag{4.5}$$

式(4.5)中参数 $C = N_1 L_1^d$，$d = \ln r_n / \ln r_l = \ln k / \ln \sqrt{k} = 2$——维数 d 与 k 值无关，这里 $N_1 = (k-1)/\sqrt{k}$。若将上式表作：

$$\left(\frac{N_m}{N_1}\right) \ln\sqrt{k} = \left(\frac{L_1}{L_m}\right) \ln k \tag{4.6}$$

可以非常明显地看到这个公式具有优美的对称性质(尽管存在一定的对称破缺)，它暗示着城市体系空间结构(包括城市绿地系统)的某种对称规律。对于现实中的城市绿地系统，由于地形条件的非均质性等原因，$d = \ln r_n / \ln r_l$ 不必等于 2，我们可以将它推广为 1~2 之间的任意数：只要 N 和 L 之间的负幂律关系出现，不论 d 是否等于 2，均可认为城市绿地系统具有扩展对称性，实则 $d = 2$ 是一种极端的特例。因此，可将 d 改为 D，表作 $D = \ln r_n / \ln r_l$。

根据中心地思想，基于自下而上的次序，M. 贝克曼曾经导出如下模型：

$$P_m = \frac{KS^{m-1}}{(1-K)^m} R \tag{4.7}$$

式(4.7)中 R 为每个底级($m = 1$)绿地平均所服务的人口数；P_m 为自下而上第 m 级城市绿地的人口($m = 1, 2, \cdots, N$)；K 为城市人口及其所服务总人口的比例因子，显然理论上应有 $0 \le K \le 1$，而现实中则有 $0 < K < 1$。式(4.7)经对称变换——即在此过程中 m 由自下而上变为自上而下——可以给出如下标度定律：

$$P_m = P_1 r_p^{1-m} \tag{4.8}$$

式(4.8)中 P_1 为最低层次即 $m=1$ 级的城市绿地服务的平均人口，$r_p = S/(1-K)$ 为参数。式(4.4)、(4.5)和式(4.8)构成了一组刻画中心地分形结构的标度定律，由它们可以推导出一系列幂律公式，包括大自然的负幂律。实际上，由式(4.5)和式(4.8)容易得到：

$$P_m = AL_m^\sigma \quad (4.9)$$

式(4.9)中 $A = P_1 L_1^{-\sigma}$；$\sigma = \ln r_p / \ln r_l$。上式本质是一种异速生长(allometric growth)关系。

4.1.2 实证分析

在分析数据资料的同时，验证的关键在于两点：一是实测数据是否符合幂律，二是幂值是否为分数。本章以厦门市城市绿地系统规划中的部分地区(或地段)控制性详细规划实践为例，主要包括筼筜湖片区、中山路片区和湖里工业园区等三个城市重点区域，厦门市城市规划设计院和厦门市统计局提供了比较完整的观察和统计数据，这里将与本文关系密切且需要用到的数据列于表4.1。表中的绿地服务半径是理论意义的半径，市区人口等是根据厦门市统计局部分资料列出的平均人口(估计值)，城市绿地数目为基于标准空间测度分析得出的结果。由于原始数据中的城市绿地服务半径数据不够系统，而且理论值总体上与现实状况的平均值接近，故下面将基于标准的距离尺度分析城市绿地的现实分布结构特征(图4.2)。事实上，基于某个标准尺度建立尺度—测度关系是分维计算的常用方法。

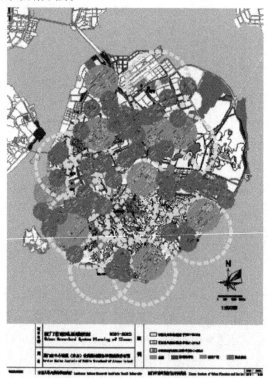

图4.2 厦门市本岛公园绿地服务半径分布图

首先，为了方便拟合，不妨对标度定律即式(4.3)、(4.4)和式(4.8)的逆序形式（即基于自下而上等级序号的方程）进行等价变换，化为一般指数形式：

$$N_m = N_0 e^{-\varphi m} \quad (4.10)$$

$$P_m = P_0 e^{\omega m} \quad (4.11)$$

$$L_m = L_0 e^{\psi m} \quad (4.12)$$

式(4.10)~(4.12) $N_0 = N_1 r_n$；$P_0 = P_1/r_p$；$L_0 = L_1/r_l$；$\varphi = \ln r_n$；$\omega = \ln r_p$；$\psi = \ln r_l$。从而 $D = \ln r_n/\ln r_l = \varphi/\psi$；$\sigma = \ln r_p/\ln r_l = \omega/\psi$。

表4.1　厦门部分城区城市绿地的有关观测数据及其对应的测度

等级类型	空间测定	规模测度		城市绿地数目测度		
	服务半径(km)	地区人口	潜在服务人口	筼筜湖片区	中山路片区	湖里工业区
$m=1$	0.3	2000	10000	60	47	59
$m=2$	0.5	4000	33000	23	12	18
$m=3$	1.0	10000	100000	10	6	6
$m=4$	2.0	30000	300000	2	1	1

注：潜在服务人口包括当地地区人口、本市游客和外来游客等。

考察表4.1的数据，发现厦门市城市绿地系统中的城市绿地数据及其服务的各城区人口规模都依循指数形式的标度定律，即式(4.10)~(4.12)在单对数坐标图中，点列基本都呈线性分布(图4.3)。考虑到半径是理想数值，人口为平均结果，图4.2中只给出了3个有代表性的城区绿地的数目与等级的关系)。由于城市绿地服

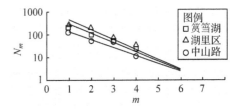

图4.3　厦门市绿地数目依等级变化的单对数曲线

务半径($R = 300$ m)是特设的标准值，故可给出理想的拟合模型，基于这个模型可知参数 $\psi = \ln r_l = 0.5493$。各城区人口等级序列是平均的估计情况，根据人口序列拟合的标度定律给出参数 $\omega = \ln r_p = 1.0172$，从而得出人口分布的平均维数为 $\sigma = \omega/\psi = 1.0172/0.5493 = 1.8518$。

一般而言，分维数值应该根据幂律模型即尺度-测度关系计算。下面直接通过式(4.9)计算这些城区的城市绿地及其人口分布的维数，拟合的数学模型如下：

$$P_m = 51.8876 L1.8520\, m, R^2 = 0.977$$

可以看出，直接利用分形模型计算的各城区城市绿地及人口分布的维数($\sigma = 1.8520$)与借助标度定律估算的结果($\sigma = 1.8518$)基本一致，相差很小。进一步地研究3个城区城市绿地数目与绿地服务半径的关系，发现点列在双对数坐标图上都呈直线分布，即筼筜湖等城区的城市绿地都符合式(4.5)定义的分形模型，模型拟合结果参见表4.2。

表4.2　厦门市部分城区绿地的分维数：2种计算结果的比较

类型	内容	基于标度定律的计算结果		基于幂律的计算结果（对比）	
		分维数值	拟合优度	分维数值	拟合优度
规模测度	地区人口	1.8518	0.9768	1.8520	0.9770
城市绿地数目测度	筼筜湖片区	1.6854	0.9811	1.6852	0.9810
	中山路片区	1.4813	0.9785	1.4811	0.9782
	湖里工业区	1.7329	0.9617	1.7327	0.9614

原始数据来源：《厦门市统计年鉴》1994—2000年。

对比表4.2中的数据结果，可以发现：基于幂律计算的城市绿地分维数值与基于标度定律估计的分维数值基本相等。

4.1.3　讨论

如上所述，检验系统分形性质的关键在于两点：一是考察系统能否基于某种尺度和相应的测度建立幂指数关系；二是基于观测数据拟合的幂值是否为分数。如果系统满足这两标准，就可以肯定系统具有分维性质。从前面的论证研究可以看出：一方面，可以从中心地的理论假设出发，借助数学方法推导出关于尺度－测度的幂律方程，这意味着这些城区城市绿地的分形模型具有一定的先验性质；另一方面，基于厦门市部分城区的城市绿地与人口关系观测数据拟合的结果恰是理论推导的幂律方程，而且幂值不为整数，这表明城市绿地分形模型具有经验性质。部分数据结果显示，城市绿地空间分布的维数处在 $D=1.4813\sim1.8369$ 之间，平均值为 $D=1.684$ 左右，这是一个分数的维数。深入分析发现，在厦门城市绿地系统中，中山路城区受老城区人口集中、交通、基础设施等因素影响很大，而计算结果也表明其城区城市绿地的维数最低，与1.585接近；其他两个城区主要由于城区建设较晚、规划起点较高及市场原则影响，维数都比较高，平均为1.752。从此可以看出，确定型模型的维数与实测的随机分形的维数就平均意义而言是一致的；城市绿地与城区人口规模之间存在着非整数的分形—标度关系。

另外，水系与城市绿地的分形标度有着潜在的相似性。研究表明，分维与自组织临界性（self-organized criticality，SOC）具有深刻的内在关系，同时城市绿地的各种标度定律与水系的 Horton-Strahler 三定律也具有相似的数理方程，方程的同构性暗示着物理规律的相似性，二者的分维都约为1.7。与水系分布相似，城市绿地的分布本质上是一种能量分布的结果，也是人文地理系统自组织优化的一种绿地空间结构和等级体系，因此说，绿地系统也应是一种能量分布优化的构造。城市和城市绿地系统的演化过程似乎是一种在有序和混沌之间的矛盾运动过程，在此过程中形成了空间复杂性（spatial complexity），城市绿地系统的分形与位序－规模法则就是空间复杂性的典型实例。这也许意味着线性绿地空间组合（绿道或道路绿化）会是城市绿地系统能量与用地分配的最优模式。

总的来说，可以将城市绿地模型抽象为一定的标度定律，并由此揭示了城市绿地系统空间结构和人口规模分布的分维性质。①在标度定律抽象过程中，实测的城市绿地系统的分形结构是有可能出现在有限尺度之内的；②城市绿地系统绿地模型的空间分布理论维数约为1.7——基于厦门市部分城区城市绿地实测数据的平均结果支持这一理论推断，该维数值很可能是城市绿地系统空间优化分布的理想维数，而线性绿地空间会是城市绿地系统组织的最优方式之一（针对此特点在第8章做了进一步的研究）；③城市绿地分形结构与城市位序–规模法则具有深刻的内在关系，它们在本质上应是城市绿地体系自组织优化的能量分布结果，但实际情况却是许多城市的绿地在整个城市绿地系统尚未达到优化状态之前就已经消失或被其他城市用地占用了。

4.2 城市绿地面积—城市人口异速生长模型分析

要实现城市绿地系统和城镇区域绿地系统发展演化的空间监测，不仅要利用遥感（RS）、地理信息系统（GIS）以及数字地球（DE）等现代技术手段，而且要利用适当的数理模型以及现代统计手段，因为数学语言能将城市语言与算法语言进行有效沟通。异速生长模型在国外城市规划与城市地理学研究中有着非常广泛的应用[5]，城市绿地系统的绿地—人口关系是可以借助异速生长定律得到有关的理论解释和实践预测。前文研究发现，城市绿地面积—服务人口异速生长模型实际上是一个广义的分形几何模型，其标度因子具有分维性质。通过异速生长关系，可建立基于遥感数据的城市绿地系统异速生长分析和绿地发展水平预测模型。

4.2.1 城市绿地面积—城区人口的异速生长模型

异速生长律原是在生物学领域发现的一种几何测度关系，在1950年代被引入到城市人文地理学领域，探讨城市人口—城区面积分布关系、城乡人口分布演化以及城市动力学等数理方法论的分析[6]。异速生长方程一般表示如下：

$$\frac{1}{Y}\frac{dY}{dt} = b\frac{1}{X}\frac{dX}{dt} \tag{4.13}$$

式（4.13）中 X、Y 为系统要素的某种测度；b 为参数；称为异速生长系数。视时间 t 为隐性变量，结合城市绿地系统的特征，可将式（4.13）等价地表作：

$$Y = aX^b \tag{4.14}$$

式（4.14）中 a 为比例系数；b 为标度因子即式（13）中的异速生长系数。令 X 表示城市绿地所服务的地区人口规模 Y 表示城市绿地面积，则由式（4.14）可得：

$$A = aP^b \tag{4.15}$$

式（4.5）中 P 为该地区人口规模；A 为城市绿地面积；a 为常数；b 为指数。

标度因子的大小指示不同的异速生长关系：当 $b=1$ 时，城市绿地面积与地区人口为同速增长关系，不同级别的城市绿地服务的平均人口密度相同；当 $b<1$ 时为正异速

生长，此时该地区的人口较城市绿地面积增长为快，需要加大绿地建设，满足绿地所服务人口较高密度的要求；当 $b>1$ 时为负异速生长，此时该地区的人口较城市绿地面积扩展为慢，需要适当控制绿地建设。因为，中国城市建设的国情是地少人多，对大多数城市来说负异速生长是一种不正常的情况，它意味着城市绿地建设发展过于超前，与城市实际经济水平和建设规模不相符，造成城市建设用地过多地占用非城市建设用地，并非可持续利用有限的土地资源。现实中绝大多数发育良好的城市不是这种类型，应当充分利用好城市已有山水条件。

若将式(4.15)视为分形几何模型(而非欧氏几何模型)，b 值实则城市绿地面积的广义维数 D_a 与地区人口的广义维数 D_p 之比，即 $b=D_a/D_p$。由于前面已知城市绿地面积在理论上平均约为 1.7 维，而城市人口一般视为 2 维，故 b 值平均为 0.85 左右。

4.2.2　模型的发展

基于式(4.15)可以建立城区城市绿地总面积与该地区总人口的异速生长关系，里面建立基于异速生长关系的城市绿地发展水平预测模型。对式(4.15)进行处理后得出城市绿地系统的动态城市绿地—人口关系模型，即：

$$A(t) = aP(t)^b \tag{4.16}$$

式(4.16)中 $A(t)$ 为城市某城区在时刻 t 的城市绿地面积；$P(t)$ 为相应于 $A(t)$ 的该地区人口；利用该城市绿地的时间序列数据 $(P(t),A(t))$，可以计算出参数 a、b 的值。

虽然城市人口的变化不能直接进行空间监测，人口普查因为工程浩大又不可能每年进行，很难得到连续可靠的地区人口时间序列；但城区城市绿地面积信息可以利用卫星遥感技术或实测获取，借助 RS 方法可以得到一个区域连续完整的城市绿地面积变化的数据。在间接获取地区人口信息的同时，运用劳动力转移法、城市化发展水平相关法等方法可以估算出城市未来人口数据，结合式(4.16)实现对城市绿地发展水平进程的预测和监测。针对绿线规划中的容量控制指标绿地游人容量，可以近似得出人均公园绿地面积一般应为 $30\sim60\ \mathrm{m}^2/\text{人}$。

4.2.3　厦门市城市绿地系统的动态相似分析

上节结合分形标度定律的论证表明，可以利用异速生长生态系统分析一个城市绿地系统的动力学相似过程。以厦门市城市绿地系统规划中的部分地区(或地段)控制性详细规划实践为例，根据厦门市统计局提供的上述三个地区历年人口和绿地面积统计信息，通过式(4.16)对城区的城市绿地面积和地区人口加和，将点列 $(P(t),A(t))$ 标绘于双对数坐标中，发现它们是具有线性分布趋势的(图4.4)，借助式(4.16)的对数形式，可得如下模型：

$$A_s(t) = 0.514 P_s(t)1.080$$

测定系数为 $R^2=0.983$。标度因子 $b=1.080$，b 值接近于 1 表明厦门市城市绿化用地与城区人口在整体上呈同速增长态势，但其绿地建设分布不均，所以导致有部分城区的绿地建设相对其他地区略微超前了，但厦门城市绿地建设总的发展速度是与其城市规模、自然条件和经济水平相适应的，在保持这样的发展趋势的情况下适度控制部分地区的绿地建设将成为今后城市绿地系统规划的重点。

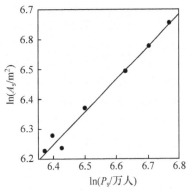

图4.4　厦门绿地面积与城区人口的双数坐标图

在实践上，只要具备一组城市绿地面积、城区人口的时间序列或空间系列数据，就可以建立城市绿地系统或市域绿地系统的异速生长模型（前提是该城市绿地系统的绿地—人口关系满足标度不变性），然后借助分形标度定律、相关模型及其参数进行城市绿地系统的绿地信息分析和发展趋势预测。

总之，本文讨论的绿地—人口关系模型，主要用于城市绿地系统的绿地—人口相关分析和城市绿地发展趋势的空间监测与预报，但需要与GIS等技术结合才能真正实用；在应用中最好采用城区常住人口和城区的城市绿地面积，而后者可据遥感信息提取，只有基于遥感信息和实际普查的人口数据建立城市绿地系统的异速生长模型，才能借助GIS等技术实现城市绿地系统发展演化的空间监控。城市绿地面积—地区人口的异速生长关系的标度因子，与城市绿地系统的分维有深刻的关系，但其数值特征的理论实质当前只有部分揭示，更多的数理规律尚待探索。

4.3　厦门市城市绿地系统结构的多分形研究

城市绿地系统作为复杂的动力学系统，其空间结构的研究颇有难度，原因在于实验分析方法的短缺，理论的贫乏自然妨碍了应用的发展，城市绿地系统空间结构在实践规划方面迄今未形成统一标准的分析模式。分形几何学的引入，有可能推动其理论建设的发展，上节中心地体系的分形研究从理论上表明城市绿地系统的空间结构具有某种自相似性质，可以借助分形维数描绘其状态与演化特征。但是，由于现实中的城市绿地复杂多变，很难利用简单的分形测度刻画其深刻的数理本质，只有借助多重分形（multifractals）维数才能反映其无规的变化和复杂的性态[7]。作为一种尝试，本文将以厦门市本岛城区为研究区探讨厦门市绿地系统空间结构的多分形特征，与前面的基于城市绿地存在的分形研究不同，这是基于城市绿地系统范围的形态研究。厦门本岛以中山路老城区为核心，以筼筜湖片区、湖里工业区、鹭港厦大和莲前路片区等为主要城区，自然条件较好，历史悠久，结构复杂，是城市绿地系理论实证分析的较好对象。

4.3.1 分形与多分形

对于简单的分形体，由于要素分布均匀，只有单一的标度，可用一个维数描述；而对于复杂的系统，空间分布一般很不均匀，标度自然难以统一，单个维数无法刻画其总体的特征，这就涉及到多分形测度（multifractal measures）[8]。多分形与单分形的区别在于标度性质与方向有关，单一的分形维数无法描述形态的全部特征，必须使用多分形测度或维数的连续谱来反映系统测度分布的非均匀性和几何形态的各向异性。

多分形测度探讨的是几何支体（geometric support）上某种量的分布，其支体可以是普通的平面、立体或球面及至分形体自身。考虑到由"单粒"（member）组成的"群体"（population，或称"群点"）分布，可引出广义维即 q 次信息量维数的表达公式。假设在 d 维空间中，群点呈概率分布，试将空间分成边长为 r 的 d 维立方体（城市规划与地理学中通常是分成 $d=2$ 维的区域），假定点子进入每个区域内的概率为 P_i，则对于任意的正数 $q(q\neq 1)$，可以定义 q 阶信息量为：

$$I_q(r) = \frac{1}{1-q}\ln\sum_i P_i^q \tag{4.17}$$

若泛函方程 $I_q(\lambda r) \propto \lambda^{-b} I_q(r)$ 成立（这里 λ 为尺度比，b 为标度指数），则可得广义维表达式为：

$$D_q = \lim_{r\to 0}\frac{I(r)}{\ln(1/r)} \tag{4.18}$$

可以证明，当 $q=0$ 时，$D_q=D_0$ 为容量维，即 Hausdorff 维数；当 $q=1$ 时，$D_q=D_1$ 为信息维；当 $q=2$ 时，$D_q=D_2$ 为关联维。在理论上，q 可取任意实数，即有 $q\in(-\infty,+\infty)$，这样，由式(4.18)便可得到所谓的多分维谱。

当 $r\to 0$ 时，标度指数 $\tau(q)$ 与多分维 D_q 的变换关系可以表示为：

$$\tau(q) = D_q(q-1) \tag{4.19}$$

标度指数 $\tau(q)$ 与多分维 D_q 可以从整体上表征多重分形，但它们不能反映系统的局部特征，为了描述多重分形体的细节变化，有必要引入另一套参量，即非均匀标度指数 α 及其维数分布函数 $f(\alpha)$，它们与广义维 D_q 的关系如下：

$$D_q = \frac{1}{q-1}[q\alpha(q) - f(\alpha(q))] \tag{4.20}$$

式(4.19)和式(4.20)给出了两套参量彼此之间的数值转换关系，这些关系统称为 Legendre 变换。

由于地形、水系等都具有分形性质，城市绿地系统可被看作分形支体上的复合分形，其空间结构很可能具有多重分维性质。下面试以城市绿地系统为例，说明多分维及其有关参数的数理意义。对于一般的分形系统，D_q 随 q 单减，至少在目前所见的各类系统中，$D_0>D_1>D_2$ 是可以肯定的；q 阶矩标度指数 $\tau(q)$ 是单增函数；$f(\alpha)$ 随 α 的变化是一条上凸的单峰曲线。当参数 q 取特定值（$-\infty$，0，1，$+\infty$）时，根据有关的分维公式及 Legendre 变换，可以确定 D_q，$\tau(q)$，$\alpha(q)$，$f(\alpha)$ 中的某些数值或它们之间的数值关系（表 4.3）[9]。

表 4.3 Dq，$\tau(q)$，$\alpha(q)$ 和 $f(\alpha)$ 在 $q=0,1,\pm\infty$ 处的取值

q	D_q	$\tau(q)=(q-1)D_q$	$\alpha(q)=d\tau(q)/dq$	$f(\alpha)=q\alpha(q)-\tau(q)$
$-\infty$	$D_{-\infty}$	$qD_{-\infty}$	$\alpha_{max}=D_{-\infty}$	0
0	D_0	$-D_0$	α_0	$f_{max}=D_0$
1	D_1	0	$\alpha_1=D_1$	$f(\alpha_1)=\alpha_1=D_1$
$+\infty$	$D_{+\infty}$	$qD_{+\infty}$	$\alpha_{min}=D_{+\infty}$	0

资料来源：参考文献[9]，但对 $\alpha(q)$ 的符号表示不同。

为了研究方便，将城市绿地系统视为 $d_E=2$ 的欧氏空间中的群点集合，其拓扑维数 $d_T=0$，可以想见，如果它们是多分形，则其多分维谱 D_q 必然变化于 0~2 之间，即有 $D_{-\infty}\leq 2$，$D_{+\infty}\geq 0$；相应地，$f(\alpha)$ 变体于 0~D_0 之间。分维 D 的大小反映系统要素分布的均衡程度，D 值越大城镇分布越均匀；反之则分布越集中。改变矩的阶次 q，从某意义上讲，相当于改变城市绿地系统的分辨率（图纸比例尺等）：q 值增大，相应的分辨率也随之增大，从而系统的不均匀性显得更为清晰。另一方面，从表 4.3 中可见，$D_{-\infty}$ 对应于 $\alpha(q)$ 的最大值，表征城市绿地系统测度最为分散的区域；$D_{+\infty}$ 对应于 $\alpha(q)$ 的最小值，表示城市绿地系统最为集中的区域等等。借助多分形的宏观描述参量 D_q，$\tau(q)$ 和微观参量 $\alpha(q)$，$f(\alpha)$ 以及 Legendre 变换关系可对城市绿地系统空间结构的分形特征进行从整体到细节的精致分析。

4.3.2 分维测算

4.3.2.1 研究区范围的界定

城市绿地系统的空间结构是指系统各要素（绿地）的地域空间分布状态、组织形式及其相互关系总和。作为一种分形体，城市绿地系统没有非常明确的地域边界；作为演化中的人文自然系统，其空间参量必然具有时空变异特征。因此，有必要根据研究的主题、目标和性质确定研究区的地域范围——城市绿地系统的分维极有可能具有"模拟"性质，而不是一种纯数字的参量。

作为应用基础性探讨，本文主要是以厦门市本岛城市绿地系统为例揭示城市绿地系统空间结构的多重分形特征，并为区域绿地系统规划及城市绿地系统控制性详规等城市绿地建设规划提供理论指导。因此，研究区的范围不宜太大，否则容易受到地图变形的较大影响，以致计算结果的理论意义降低；也不能太小，太小则样本不足，系统的内在规律不能展现。由于分形体的自相似性，研究区可大致划定为厦门本岛以中山路老城区为核心，以筼筜湖片区、湖里工业区（现湖里区）、鹭港厦大和莲前路片区等为主要城区的 9 km×9 km 范围内地域。由于分维的测算是以空间信息熵为基础，本书将以城市绿地系统分布的空间"概率"为计量测度，根据所拥有信息资料的分辨率（比例尺），取街旁绿地为规划（等级）分界的下限，这样研究区内共有 112 个各类绿地，即

样本数 $N=112$。

4.3.2.2 容量维与信息维的测算

研究城市绿地系统的空间结构，网格计数(box counting)是分维测算的重要方法之一。借助所拥有的信息资料，将研究区的各边分成 k 等份，则矩形区化为 k^2 个矩形子区，每个子区的边长可以表作 $r=1/k$。首先统计包含城市绿地的网格数，记为 $N(k)$ 或 $N(r)$；然后统计每个子区出现的城市绿地数目，记为 $N_{ij}(k)$ 或 $N_{ij}(r)$，这里 i,j 表示子区所在行列编号 ($i,j=1,2,\cdots,k$)。根据统计结果首先计算容量维 D_0 和信息维 D_1，以确定系统是否具有多分形性态。改变 k 或 r 可得不同的 $N(k)$ 或 $N(r)$ 值（表4.4），将点列 $(k,N(k))$ 标绘于 $\ln-\ln$ 双对数坐标图中，发现点列分布具有局部对数线性，即有无标度区的出现，其直线段的斜率便是容量维（图4.5）。为了精确起见，在式(4.17)中，令 $q=0$，可得 $I_q(r)=\ln N(r)$，从而式(4.18)化为：

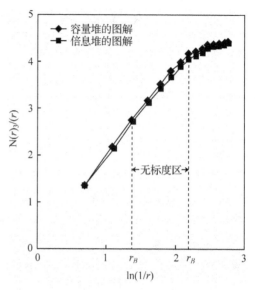

图4.5 厦门城市绿地系统的双对数坐标图

$$D_0 \propto \frac{\ln N(r)}{\ln(1/r)} = \frac{\ln N(k)}{\ln k} \tag{4.21}$$

利用上式对无标度区内的点列进行回归运算，得到 $D_0=1.715$，测定系数 $R^2=0.996$。

表4.4 对厦门城市绿地系统研究区网格化所得的统计数据

k 或 $1/r$	$N(r)$	$P_{ij}=N_{ij}/N$ ($N=112$)	$I(r)$
2	4	21/112, 22/112, 23/112, 26/112	1.373
3	9	5/112, 8/112, 10/112, 3×11/112, 12/112, 15/112	2.153
4	16	2/112, 2×4/112, 5×5/112, 3×6/112, 2×7/112, 2×8/112, 9/112	2.716
5	24	3×2/112, 8×3/112, 6×4/112, 4×5/112, 3×6/112	3.118
6	34	6×1/112, 9×2/112, 13×3/112, 3×4/112, 4×5/112	3.436
7	45	16×1/112, 16×2/112, 9×3/112, 3×4/112, 5/112	3.680
8	54	25×1/112, 21×2/112, 7×3/112, 4/112	3.895
9	63	39×1/112, 19×2/112, 5×3/112	4.046
10	68	48×1/112, 16×2/112, 4×3/112	4.147
11	73	58×1/112, 11×2/112, 4×3/112	4.203
12	80	68×1/112, 12×2/112	4.351
...	...	...	...

资料来源：厦门市城市绿地系统规划(2002—2020)，比例1:10000。

采用相似的方法，可以计算信息维数 D_1。将点列 $(\ln(1/r), I(r))$ 绘成坐标图，发现该曲线中也存在无标度区间，区间内直线段的斜率就是信息维。

$$D_1 = -\lim \frac{\sum_{i}^{k}\sum_{j}^{k} P_{ij}(k)\ln P_{ij}(k)}{\ln k} \tag{4.22}$$

计算结果为 $D_1 = 1.648$，测定系数 $R^2 = 0.998$。

前述无标度区的存在，表明系统的确具有分形性质：如果系统是简单分形，应有 $D_0 = D_1$，但实际结果却是 $D_0 = 1.715 > D_1 = 1.648$，即有 $D_0 \neq D_1$，可见厦门市城市绿地系统具有多重分形性态。

4.3.3 厦门市城市绿地系统结构分析

以上计算结果表明，厦门市城市绿地系统已经发育了多重分形结构，但系统的演化也存在一些问题。

首先，城市绿地系统的容量维 D_0 约为 1.7，这与城市结构分维的模拟和实测数值的平均水平大致接近，也与水系分维的模拟和实测大约相当[10]。城市绿地系统和城市的空间演化相互"参照"完全在情理之中，深入研究表明城市绿地系统与城市空间结构的分维就平均意义而言应该相等。比较令人感兴趣的是，厦门城市绿地系统空间结构的维数与水系的平均维数大致相等，二者具有相似的分形结构，但目前尚不清楚部分水系与厦门本岛城市绿地系统的分维之间以何种方式关联，不过可以肯定的是水系的分形结构对城市绿地系统的空间形态有一定的影响。同时，就城市绿地的绿地率的控制指标而言，公园绿地的绿地率不低于 65% 才能完全达到绿地形态的优化分布生态效应。

其次，绿地系统分维出现的无标度区比较狭窄，这当然与研究区范围的大小和城市绿地规模下限的高低有关，同时由于厦门市并非特大城市，其本岛的城市建成区规模亦不大，如果扩大区域范围和降低下限标准（譬如降为居住小区级绿地）以增加分析样本，无标度区自会处长。但区域范围和规模下限都与研究的主题有关，在它们已经确定的情况下，无标度区的大小可以反映系统分形结构的发育程度。厦门本岛城市绿地系统空间结构的分形在总体上目前已有发育，但其多分形结构尚未发达。

最后，如前所述，$D_{-\infty}$ 对应于分形测度最分散的区域，在研究区内的绿地集中地带，系统的分形结构发育较好；在远离聚集区的地带，分形结构发育不全。在厦门本岛绿地系统的几个研究区域中，莲前路片区的半径维数为 $D = 2.087(n = 21)$，测定系数 $R^2 = 0.996$；筼筜湖片区为 $D = 1.685(n = 35)$，$R^2 = 0.997$；中山路片区为 $D = 1.481$ ($n = 19$)，$R^2 = 0.997$（这里 n 为所考察的子系统的要素数目）。结果显示，莲前路片区城市绿地系统的分维 $D > d_E = 2$ 是不正常的，由于厦门本岛的绿地在历史上是以中山路—鹭江片区为核心、1980 年代以来以筼筜湖为核心向周围扩散发育的，尽管今天莲前路—前埔片区一带虽然有所发展，但从分形几何的角度来看，它仍不在地域的中心地位；而中山路—鹭江片区一带的城市绿地维数低于筼筜湖片区，可见该地区在历史上的吸聚能力比后者稍为高强，考虑到万石山、金榜山等自然风景区邻近旧城区的历史效应，则历史因素更加复杂。由于厦门城市绿地系统是多核心扩散式逐渐发育的，形成多重分形结构是理所当然的；又因系统仍在扩展发育过程中，在测度分散区域自相似特征尚未健全就不奇怪了。

总之，厦门本岛城市绿地系统的空间结构具有多分形特征，但发育不够健全，这意味着可以利用多重分形理论研究城市绿地系统的空间结构，进而揭示其隐含的规律和存在的问题。①历史效应对厦门本岛城市绿地系统的空间结构的发展有着深刻的影响，研究城市绿地系统的空间结构控制绝对不能忽略历史因素，可以利用某些模拟技术研究区域城市绿地发展的历史过程，然后借助混沌理论等分析工具揭示系统演化的动力学特征，从而揭示城市绿地系统分形结构的发展机制。②厦门本岛城市绿地系统的多分形结构在空间上是从核心城市区域向边缘地区扩散发育的，由于分形是大自然的优化结构，分形体能够最有效地利用空间，多分形体发育地区也是城市绿地系统空间结构的健全地区，这意味着城市绿地建设首先应当引导都市核心区的绿地发展，利用都市核心区绿地系统的优化结构和旧城改造发挥良好的区域提升扩散功能，继而带动整个城市绿地系统的整体协调发展。

4.4 小结

本章研究具有应用基础性质，旨在以厦门市城市绿地系统为例，证明城市绿地系统空间结构具有分维与多分形的性质以及历史因素的重要性，并模拟城市绿地面积与城区人口之间的异速生长关系，以期在理论上提供一个城市绿地系统多标度分维分析的初步范例，并在实践上为(厦门市)城市绿地系统的建设规划指标控制及其空间优化提供若干理论指导与依据。

(本章内容中相关数据运算与整理得到复旦大学计算机软件专业2001届硕士王琦友情帮助，在此表示万分感谢！)

参考文献

[1] W. 克里斯塔勒. 德国南部中心地原理[M]. 常正文，王兴中，等，译. 北京：商务印书馆，1998.

[2] S. L. Arlinghaus. Fractals Take a Central Place[J]. Geografiska Annaler，1985，67B(2)：83－88.

[3] I. Prigogine, I. Stengers. Order out of Chaos：Man's New Dialogue with Nature[M]. New York：Bantam Books，1984.

[4] J. Portugali. Self-organizing and the City[M]. Berlin：Springer-Verlag，2000.

[5] 周一星. 城市地理学[M]. 北京：商务印书馆，1995.

[6] M. Woldenberg. An allometric analysis of urban land use in the United States[J]. Ekistics，1973：36.

[7] 王放,何承金,等.分形人口学初探[J].大自然探索,1991,10(2):59-63.
[8] P. Meakin. Fractal, Scaling and Growth far from Equilibrium[M]. Cambridge:Cambridge University Press,1998.
[9] J. Feder. Fractals[M]. New York:Plenum Press,1988:11-66.
[10] 陈彦光,刘继生.水系结构的分形和分维——Horton水系定律的模型重建及其参数分析[J].地球科学进展,2001,16(2):179-183.

第 5 章

城市绿地系统规划中的控制机制与绿线管理

　　城市绿地系统规划作为建设城市绿地和管理城市绿地的基本依据，保证城市合理地进行绿化建设和城市绿地合理开发利用及正常经营活动，是实现城市生态环境保护和社会经济持续发展目标的综合性手段之一。在市场经济体制下，城市绿地系统规划的本质任务是合理地、有效地和公正地创造有序的城市绿色生活空间环境，城市绿地系统规划的控制管理属性不言而喻，其中既包括实现城市绿化建设和环境改善的决策意志以及实现这种意志的法律法规和管理体制，同时也包括实现这种意志的绿化工程技术、经济指标控制、生态环境保护和空间美学设计。2002 年建设部发布并施行《城市绿线管理办法》，为控制城市绿地、加强城市绿地建设和保护提供了法律的保证，使城市绿线控制真正纳入法制化管理的轨道，并体现"有序的控制"与"艺术的管理"。

5.1 城市绿地系统规划的控制功能

5.1.1 "规划控制"的涵义

　　控制，从广义上讲就是"在获取、加工和使用信息的基础上，控制主体使被控制客体进行合乎目的的动作"[1]。体现在城市建设管理中，"控制"是建设管理的一种方式，是管理职能的一个重要组成部分，主要任务是依据城市规划、国家政策、法律和地方制定的管理办法，采用法律、行政、经济手段，对城市建设进行干预、限制和引导[2]。控制的方式可分为预告控制、现场控制和反馈控制三种，它体现了建设管理的权威。

　　规划控制就是在具体的城市建设活动不断展开的过程中，通过规划许可和规划监督的途径，运用该项建设活动本身和其他相关建设活动状态和后果的反馈，借助法律、行政、经济以及社会舆论、团体压力等手段，将建设活动限定在城市规划所确定的方向和范围之内。可以发现，城市规划中的"控制"属性更多地体现的是"Regulatory"，即包括政府管理行为，而不只是"controlling"。

　　城市规划控制受到其发挥作用的权力和范围的严格控制，这是由社会赋予城市规划的一定的操作领域，是由地方和国家法律以及政府规章和组织机制所限定的，因此，城市规划只能在特定的范围内施行控制,其所采用的控制手段也受到社会系统的限制,这些都直接规定了城市规划控制的广度和深度。

城市规划控制是针对具体的每一项城市建设活动而展开的,这就要求城市规划建立起这些具体的活动与城市发展目标和城市规划整体构架之间的相互关系,使具体行为与整体目标统一起来,能以城市规划文本直接指导具体活动的展开,并保证目标实现的完整性。同时,城市规划控制也需要考虑各项具体活动的特殊要求,兼顾其对自身利益的追求。城市规划控制只有将两者结合起来,才能发挥作用并体现其工作的意义。如果只强调规划文本内容和规定,忽略了各项活动的利益要求,就会妨碍甚至中止该活动的进行,从而减少或取消其对社会目标实现的贡献;而如果只强调各项活动的利益要求,就有可能损害到社会利益,削弱或延缓城市发展目标的实现,甚至对此产生消极作用。因此,城市规划控制首先就要在此两者之间建立起适度关系,为控制的进行提供基础。

5.1.2 "绿线规划"的涵义

《城市绿线管理办法》中指出所谓绿线,是指城市中各类绿地范围的控制线。《园林基本术语标准(CJJ/T 91—2002)》中,城市绿线(boundary line of urban green space)是指在城市规划建设中确定的各种城市绿地的边界线[3]。为简化英文内容且与建筑红线的英文"building line"相对应,本文把绿线翻译为"greening line"。城市各类绿化用地涵盖了城市所有绿地类型,包括公园绿地、生产绿地、防护绿地、附属绿地等。"绿线"制度就是将城市规划区内应作为城市绿地的区域在规划中明确地界定出来,绿地区域周边的用地控制界线可以称之为绿线。绿线划定的必要性已有各种相关论证与文件说明,这里无需多述,集中为一句就是:城市各类绿化用地不得改作他用或进行其他建设改造,绿线的划定是保护各类绿地界限及其性质的依据。

绿线规划是城市绿地系统详细规划的简称,是指在城市绿地系统总体规划指导下,进一步确定城市绿化目标和布局,规定城市各类绿地的控制原则,按照规定标准确定绿化用地面积和相关指标,分层次合理布局公共绿地,确定防护绿地、大型公共绿地等的绿线。城市绿地系统详细规划包括两个层次的绿线规划:绿线控制性详规和绿线修建性详规。绿线控制性详细规划应当提出不同类型用地的界线、规定绿化率控制指标和绿化用地界线的具体坐标。绿线修建性详细规划应当根据控制性详细规划,明确绿地布局,提出绿化配置的原则或者方案,划定绿地界线。但由于现阶段我国城市绿地系统规划实践中,绿线控制性详规和修建性详规基本是同时进行一起操作,两者间并没有很明确地阶段划分,其内容也互有衔接和交叉,因此实际工作中多用城市绿地控制性详细规划一词指代绿线规划或绿线控制规划,本书内容基本沿用这一概念,不再特别说明,英文翻译为"green-line zoning plan"。

2002年建设部第63次常务会议审议通过并发布了《城市绿线管理办法》(下称《办法》),自2002年11月1日起施行,标志着绿线受到了国家法规的保护,这对加强城市绿地建设、减少和杜绝侵占城市绿地的行为提供了法律的保证，"绿线"制度的实施标志着我国真正把城市绿化纳入法制化管理的轨道。

5.1.3 城市绿地系统规划的相关工作体系

为与现行城市规划的编制和工作层次保持同步，城市绿地系统规划可分为城市绿地系统总体规划、城市绿地系统分区规划以及城市绿地系统详细规划三个规划阶段，即三种尺度的规划和分析，其涉及的空间层面不同，且规划的内容、深度有所差异（详见本书第2章）。

该体系中城市绿地系统详细规划以城市绿地控制性详细规划为主，是在全市和分区绿地系统规划的指导下，重点确定规划范围内各建设地块的绿地类型、指标、性质和位置、规模等控制性要求，并与相应地块的控制性详细规划相协调；对于比较重要的绿地建设项目，还可进一步做出详细规划，确定用地内绿地具体布局、绿地类型和指标、主要景点建筑构思、游览组织方案、植物配置原则和竖向规划等，并与相应地块的修建性详细规划相协调（图5.1）。详细规划可作为绿地建设项目的立项依据和设计要求，直接指导绿地建设。

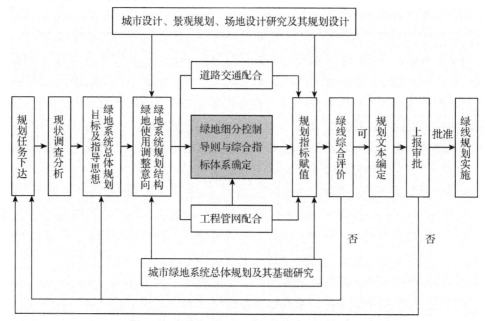

图5.1 城市绿地系统绿线规划（控制性详规）编制体系与程序

5.1.4 城市绿地系统规划控制功能的表现

城市绿地系统规划控制功能首先是一种社会行为，是城市社会中各类要素在城市绿地系统发展过程中的相互作用过程[4]，无论何种形式、内容、手段的控制，其目的就在于使所有的行动都保持在实现城市绿地系统可持续发展目标的方向上。在城市绿地系统规划运行过程中，控制机制包括了三部分内容：

第一，是城市社会对城市绿地系统规划的控制。主要是通过对城市绿地系统规划目标、具体行为及其产出的检测和反馈，运用法律、行政和社会舆论的手段，消除城市绿地系统规划对城市绿化建设发展目标的偏离或与城市绿地建设实际状况的脱离，以及由此产生的对城市绿地建设的不利干扰。城市绿地系统规划过程中，主要产生扰动的因素来自两方面，一是城市社会、经济、政治以及城市周围环境甚至其他城市规划的变化，二是城市绿地系统规划本身理念、思想、技术方法的变化，这两方面的变化都会对城市绿地系统规划的运行产生影响。城市绿地系统规划作为一个系统的稳定性相对是较薄弱的，社会要的任何较大变化都会对其产生影响，而且相对于社会、经济等因素的变化（自变量），城市绿地系统规划的变化（因变量）又有一段时间的滞后，这就使城市规划在社会运行过程中处在一种被动的局面，而社会系统对其的控制就是要保证城市绿地系统规划尽快与城市社会的发展同步。城市绿地系统规划内部因素的变化，往往更注重其自身的完善，尤其是技术手段的提高，而忽视了与社会发展的相匹配（无论是超前或滞后）和社会系统的可接受及可容忍程度（特别是在接受外来思想和方法时），因此，在相当多的时候会对社会环境条件的认识不足，此时，社会控制系统就会运用控制手段来排解城市绿地系统规划内部所产生的系统功能失调，使城市绿地系统规划的运行纳入到城市发展的整体过程之中。

第二，是城市绿地系统规划过程中的自控制，主要在于协调规划编制和规划实施两个阶段的相互协同关系。城市绿地系统规划控制系统的最重要工作就是保证规划实施在规划文本所确立的方向和范围内展开，使经过充分协调的、已经建立起某种法律与契约关系的规划文本在社会实践中得到贯彻和执行。同时，规划实施为规划编制提供反馈信息，及时修正规划文本中的错误和不足。但由于规划文本是对城市绿化发展问题进行思考的快速反应，是对城市绿地建设活动的开展提供宏观引导，对许多具体的现实问题，尤其是现实与理想之间逐步转换的方法和途径，不可能提供面面俱到的认识和解答。同时，由于城市社会、经济状况的不断改变会产生出许多新的需求和问题，在城市绿地系统规划实施中就要做出判断和决策，使城市绿地建设能够持续运行。城市绿地系统规划控制系统就是要对规划实施的决策进行检测，及时调整和控制这些决策中偏离规划文本的内容，同时与城市绿化发展目标相比照，协调城市绿地系统规划文本与规划实施之间的关系。规划实施的后果也会出现许多新问题，它们是在特定的社会、经济和规划背景下产生的，是在规划编制阶段始料不及的，通过对这些问题的研究和进行信息反馈，使后续的规划研究、决策具有现实性和科学性。

第三，是城市绿地系统规划对具体的城市绿化建设活动的控制。在社会赋予城市绿地系统规划的职责范围内，在接受社会控制的同时，对具体的城市绿地建设活动施加控制，保证各项绿地建设活动及其产生的偏差仍限于城市绿地系统规划所确立的允许范围内。各项城市绿地建设活动的形成和开展都基于对各自利益的追求，因此，它们之间就必然会产生某些盲区，这些盲区几乎都集中在社会利益的方面。这就要求城市绿地系统规划在考虑社会整体生态与环境利益的基础上,对这些建设活动进行组织,控制其可能产生的对社会利益的损害,将所有的绿地建设行为都融合在对城市绿化环境发展目标的实现上。每一项城市绿地建设活动不仅影响着城市建设环境和决策条件,而且也影响着规划实施和管理的决策,因此,对每一项城市绿地建设过程及其成果的检测,可以随时调整其内容和方向,使其不利影响降至最小,同时也可以调整城市绿地系统规划编制和实施过程中的思想和方法,完善规划文本和政策。

总之,作为城市绿地系统控制功能集中体现的控制性详细规划既是一个规划阶段,也是一种综合解决各类绿化建设问题的手段和方法。

5.2 城市绿线规划(绿地系统控制性详规)的特性及作用

5.2.1 绿线规划的特性

在城市绿地系统控制性详细规划中,绿线是实施城市绿地建设的政府管理行为与手段,具有法律效应。绿线规划除了该项基本功能外,在市场经济条件下为与国情相符,它还具有以下一些特点:

绿线规划(控制性详规)既是城市绿地系统规划体系中的一个层次,又包含了规划管理内容。从理论上讲,它可以贯穿在城市绿地系统规划各个层次的工作中。编制绿线规划,为规划与规划管理提供了中介——指标体系及文本,使二者紧密协调联系起来。

绿地规划是在城市绿地系统总体规划(或分区规划)指导下进行的,是绿地系统总体规划的深化和具体化,即其生之有根,这与国外的相关绿地建设(如"区划"中的绿化控制)一般无城市总图指导相比,具有很大的优越性。

绿线规划(控制性详规)内容,除绿地利用外,还包含了绿化工种设施规划、竖向规划等,即把城市控制性详细规划的合理内容借鉴过来,在考虑规划与计划的协调关系的同时,探索与市场接轨的发展方向与实际操作,与我国现行的经济体制相适应,更有利于指导城市绿地建设。

绿线规划(控制性详规)从一开始就把城市设计与景观场地设计等工作内容纳入进来,并一直在探讨尝试如何把城市设计与场地设计转化为绿地规划成果,这与国外"区划"土地利用管理与城市设计分轨进行相比,在吸取其各自合理要素的基础上,更强调突出了规划的综合协调作用。

绿线规划(控制性详规)一个重要属性是"地方性",各地编制绿线规划的方法及内容不可能也无需完全趋同,在遵循"城市规划法"基本要求的基础上,不同城市可根据本城市绿地系统发展的特点和实际需要有所差异。

总之,在发展完善绿线规划(控制性详规)的过程中,规划编制与规划管理并行,城市绿线规划与城市设计及场地设计同步考虑,这与城市绿地系统规划的基本准则——综合协调解决城市绿化问题相一致，能更好地体现绿线管理的初衷。

5.2.2 绿线规划的意义与作用

详细规划是总体规划的深化和具体化[5]。就城市绿地系统规划而言，控制性详规研究的主要内容是规划的"量"的问题，即深化；修建性详规主要研究规划的"形"的问题，即具体化。实则二者是可以融会贯通的，绿线规划可以合理地组织分配城市绿化空间，塑造城市绿地形态，在城市绿地系统规划体系中的地位与作用有以下四个方面：

（1）城市绿地系统总体规划与景观设计之间的过渡与衔接

城市绿地系统总体规划是一定时期内城市绿地发展的整体战略部署，它面向未来，不可预测的因素很多，其核心任务是解决城市绿化用地的"粗分"问题[6]，它必须具有很大程度上的原则性与灵活性，是一种粗线条的规划，需要有下一层次的规划将其深化，才能发挥作用。为与实际建设可能性相协调，城市绿化用地必须在总体规划粗分的基础上，进一步"细分""微分"，才能更好地控制、引导城市绿地建设。绿线规划（控制性详规）介于城市绿地系统总体规划与景观设计之间，对城市绿地进行"微分"，并对"微分"后的每一块绿地的使用强度和利用方式做出规定，对景观设计原则的指导制约是其所起的主要作用。

（2）城市绿地系统规划管理的依据

城市绿地系统规划设计与规划管理相脱节，会给城市环境绿化发展带来很多困难，实践表明，城市绿化要发展，规划管理必须加强。首先要建立健全城市绿地系统规划管理法制化制度，依法办事才能保证绿地线规划管理工作的权威性，使城市绿地不被占用或他用；其次必须提高绿线规划管理工作的水平，管理机制与人员素质的提高，才能保证绿线规划管理工作的合理性。绿线规划（控制性详规）在把规划图转化为可操作与执行的管理规划细则的同时，以法律手段为强化、实行绿地管理建设工作提供了科学的依据，控制什么、怎么控制都有章可循，避免主观性和盲目性；同时，绿线规划（控制性详规）自身的法律效力及其相应的规划法规，也使规划管理的权威性得到了充分保证。实践中绿线规划（控制性详规）方法的提出，在很大程度上满足了绿线规划管理工作的需要。

（3）城市环境绿化政策的载体，具体体现和协调绿地建设的综合效益

城市环境绿化政策是一定时期内为实现城市环境发展的某种目标而采取的特别措施，相对于城市绿地系统规划原则来说，城市环境绿化政策的针对性更强。绿线规划（控制性详规）作为城市环境绿化政策的载体，在引导城市环境、生态、社会协调发展方面具有更加综合的能力。绿线规划（控制性详规）中包括诸如城市绿地结构、空间分布、与城区人口协调、环境保护、鼓励开发建设等方面广泛的城市环境绿化政策内容。例如，对城市绿地建设项目的多种选择，可以更多地吸引社会资金，从而带动地区绿化建设和环境保护。

(4) 城市绿地系统历史因素的体现与延续

前一章已经论证城市绿地历史因素对城市绿地系统的空间布局与结构优化有着重要的作用，绿线规划（控制性详规）如果能处理好城市绿地历史资源与现实城市发展之间的关系，强化其控制与政策法律效应，就能在保护城市历史风貌、延续城市绿地文脉等方面发挥出重要的作用。

如今城市规划与管理的关系更为密切、更为复杂，以往停留在"定性"方面的形体规划的管理方式已不能适应需要，而绿线规划（控制性详规）从定性与定量方面，以综合指标体系的方式完成对绿地的使用强度和利用方式的控制引导，成为绿地规划与建设联系的纽带。

5.2.3 绿线规划的任务

在《办法》中对城市绿地系统绿线规划的任务有着明确的规定：

"城市绿地系统规划是城市总体规划的组成部分，应当确定城市绿化目标和布局，规定城市各类绿地的控制原则，按照规定标准确定绿化用地面积，分层次合理布局公共绿地，确定防护绿地、大型公共绿地等的绿线。"

"提出不同类型用地的界线、规定绿化率控制指标和绿化用地界线的具体坐标。"

"根据控制性详细规划，明确绿地布局，提出绿化配置的原则或者方案，划定绿地界线。"

"批准的城市绿线要向社会公布，接受公众监督。"

"城市绿线内的用地，不得改作他用，不得违反法律法规、强制性标准以及批准的规划进行开发建设。有关部门不得违反规定，批准在城市绿线范围内进行建设。"

"近期不进行绿化建设的规划绿地范围内的建设活动，应当进行生态环境影响分析，并按照《城市规划法》的规定，予以严格控制。"

不难看出，上述任务大多为规划工作者所熟悉，而"进行生态环境影响分析"则是以往规划中易被忽略的，在实际操作中其应当贯穿绿线规划的始终。绿线作为与红线具有同等法律效力的界线，其划定和管理还需要有一个规范的城市规划管理行为，包括依法划定、管理、监督绿线，依法对违反绿线的行为实施的惩罚等，还包括对于城市绿地系统总体规划、其他城市相关控制性详细规划、修建性详细规划的尊重和依法保护。绿线作为依法保护各类绿地的界限，一经划定必须严格控制保证其内绿地性质不被改变。

但《办法》中对于估算工作量、拆迁量和总造价、分析投资效益等方面没有明确要求，这是需要补充说明的部分。

总之，在保证绿线规划的指标控制与法律监督的任务执行时，也要适应市场经济形势，对绿地系统规划和经济效益紧密相连的重要性予以充分强调。

5.3 绿线规划的关联要素与开发控制机制

所谓机制(mechanism)指的是事物变化、发展和演进过程中的内在机理和内在过程[7]，在这里是指城市绿地系统规划运行过程中的内在机理和内在过程，它是揭示城市绿线规划发挥作用的深层结构的一种重要途径，其涉及诸多关联要素与作用机制的协同工作，并最终保障绿线规划的实施与运行。绿线规划(控制性详规)作为城市绿地开发控制的直接依据，实质上是一种实施性发展规划(与城市绿地系统总体规划是战略性发展规划相对应)，在特大城市和大城市，绿地系统分区规划也是实施性发展规划的组成部分，但一般不足以成为开发控制的直接依据。

5.3.1 经济与社会要素作用机制

在城市规划领域，规划过程只有在拥有了一定的经济手段后才能得以施行和实现。从公共经济学的角度，开发控制作为一种公共干预，就是要确保社会个体的开发活动所产生的外部效应(无论是消极的还是积极的)内部化(第3章对此有过论述)。

外部效应的经济原理可以用公共经济学中的边际个人成本/收益和边际社会成本/收益的概念来解释。社会个体的开发活动追求最大的个体利益(即边际个人成本等于边际个人收益)，规划当局的开发控制追求最佳的社会利益(即边际社会成本等于边际社会收益)。由于外部效应的现象，个人利益和社会利益之间往往是不一致的。以城市规划中的容积率规定为例，开发控制的经济作用机制表现为两种情况。经济作用机制之一是对于消极外部效应的控制，控制性详规中的容积率限制就是如此，若容积率限制使边际社会成本等于边际社会收益，则社会总收益达到最佳。经济作用机制之二是对于积极外部效应的引导，控制性详规中的容积率奖励就是如此，如果开发商愿意提供公共开放空间(即绿地)，容积率可以相应提高。这意味着规划部门认为，公共开放空间带来的积极外部效应(社会收益)至少不小于提高容积率造成的消极外部效应(社会成本)，使开发活动的社会贡献得到相应的回报，就是积极外部效应的内部化。

再以绿线规划中的开发权转让为例，加大绿地建设力度是符合公共利益的，也就是一种社会收益，但在城区增加绿地面积或提高用地绿地率会使业主的正当开发权益因为社会利益而受到损失，可以适当采取补偿措施，如实施特别规划控制使被削减的那部分建筑用地在他处得到转让补偿，从而实现积极外部效应的内部化。

绿线规划过程也只有通过一定的经济手段才能得以实施和体现。这里有两方面内容，首先，城市绿地系统规划也是以社会利益为原则的，因此，不能以特定的利益团体的需求为出发点，也不能从属于这类团体，而且城市绿地系统规划本身也不能为谋求自身的利益而运行，因此其运行过程也必须由政府或社会予以经济上的支持，这是对其整体价值的保障。其次，城市绿地系统规划在实施过程中，会遇到来自其他要素在经济利益上的挑战，这种挑战只有通过一定经济力量的对峙才有可能化解，比如对

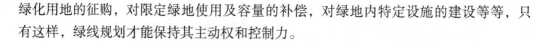

绿化用地的征购，对限定绿地使用及容量的补偿，对绿地内特定设施的建设等等，只有这样，绿线规划才能保持其主动权和控制力。

5.3.2 法制与行政要素作用机制

经济的作用机制为外部效应的控制和引导提供了理论依据，但外部效应在实际中难以用货币价格进行核算，必须用社会整体的价值准则来判断，而法律的作用机制为此提供了一种动作方式。可以认为，绿线规划（控制性详规）就是以法律的形式来体现社会整体环境利益的价值准则，其法律保障主要是通过立法手段，确立城市绿地系统规划的社会地位，建立以城市绿地系统绿线规划为核心的城市环境绿地建设法规体系，使各项建设活动始终围绕着实施城市绿线规划而展开；同时还要通过司法手段，维护城市规划的权威作用，确保城市绿线规划对各项城市绿地建设活动的控制。城市绿线开发控制作为一种公共干预就必须制止可能带来消极外部效应的任何开发活动，无论开发者愿意为此付出多少代价，都要保证城市生态环境与社会利益的共赢发展。

法律作用机制体现了一般情况下的社会价值准则，行政的作用机制则体现了特定情况下的社会价值准则。城市绿地开发活动的具体情况是千变万化的，法律的作用机制难以具备相应的调适性能，因此，在法律授权的情况下，规划当局拥有行政解释的权力。比如，法律的作用机制往往难以对城市环境的美学方面做出具体规定，而这又恰恰是公共利益所在，规划当局就需要对此行使行政解释的权力。由于政府与有关部门肩负着协调城市绿地系统各要素间相互关系的日常操作，受许多指标考核和各种政治动机的影响，城市绿地系统中各子系统与绿线规划之间容易产生矛盾，行政部门就要通过制定规章制度、完善行政措施等方法，保障城市绿地系统绿线规划的正常运行。当然，为了增强行政行为的确定性和客观性，需要编制相应场地景观设计作为行政决策的依据，同时，还应在城市绿地开发控制过程中设置公众参与和规划上诉的法定环节，以确保行政行为的民主性和公正性，促进绿线规划工作的科学合理性。

绿线规划（控制性详规）中法制要素的完善，能使城市绿地规划行政主体部门获得相应的授权，明确绿地规划行政管理的原则、内容和程序，从而使城市绿线规划实现有法可依，大大提高规划实施的效率。

5.3.3 环境与景观要素作用机制

在加强城市生态环境保护建设力度的同时，把城市景观有机融入城市环境中，使两者成为城市绿地系统建设最直观的形象要素。城市景观环境研究的目的是探求城市绿地系统与城市内外自然风景之间相互协调的基本规律，保护并创造充分体现城市自然景观和历史文化特色的良好的城市景观空间环境。一方面，通过分析城市内外自然景观和人文景观的构成、价值、特色、景点之间相互联系呼应的组合关系，组织城市的景观空间轮廓和绿地形态布局，在绿线规划（控制性详规）阶段根据规划地段与绿地系统的关系，提出保护或开发城市绿地环境的规划要求。另一方面，进行视觉感知基础分析，探求一定景观环境中绿地容量与山水景观的协调关系，如确定重点视线走廊控制范围，确定以保护山景、水景、传统街区、历史性建筑为目的的建筑控制范围、视域保护范围及其控制标准，通过分析视线、视角、视距，确定景观影响范围内规划地段对绿地率、建筑密度、绿化形式等规划控制指标要求，作为确定规划地段内绿地各项有关控制要素的依据之一。

5.3.4 历史与文化要素作用机制

城市历史文化环境是认识城市绿地发展规律和城市文脉的重要载体，从继承和发扬城市绿地布局传统、保护城市历史文化环境的角度提出城市绿地系统绿线规划要求。城市形态模式是一个城市由其城市环境特色、自然环境特色及二者相互融合的协调关系所构成的不同于其他城市的独有的特色模式，虽然该研究工作主要应在城市绿地系统总体规划阶段完成，但对于特殊地段或当总体规划阶段未能做深入研究时，应补充相关规划控制研究内容。城市绿地系统结构是由与城市环境关系密切的自然景观景点和人工建造绿地等构成的城市绿地空间形体关系，是城市历史文脉的重要组成部分。自然景观（景观轴线和景观认知点）是城市绿地系统的自然要素，历史文物古迹、标志性建筑景观和传统城市生活中心设施（历史轴线、生活轴线、人文胜地认知点）是城市绿地系统构成的人文要素，二者在城市绿地空间上的组合，构成了城市绿地系统结构的主要框架和内容。通过对城市绿地系统结构的分析，可以发现那些对城市绿地空间形态有重要影响作用的点，应当被加以强化成为城市绿地新的认知点。绿线规划中要注意对城市绿地形态控制点（线）的视觉空间保护，即保持那些轴线和认知点的自然、历史传统风貌及空间环境，进行必要的视觉分析和意境分析，并进一步深化对规划地段内城市绿地的历史布局形式、组合关系、空间尺度等的传承和控制。

5.3.5 绿线规划运行保障机制

城市绿地系统是一个复杂的、多子系统形成的巨型系统，各类要素在城市绿地系统发展过程中会产生种种矛盾，这些矛盾有的是互相冲突的，有的则可能会协调起来，它们既可能推动城市绿地建设的发展，也有可能会阻碍其健康发展。城市绿地系统绿线规划的研究对象是城市绿地空间系统，它是建立各要素相互作用关系的基础。在物质形态上，它是个显系统，任何城市建设和发展的活动都会在空间上留下痕迹；但在质量关系上，它是个潜系统，在对各类活动指标的评价中，很少有对空间质量的评价，也就是缺少对其活动后果的评价。因此，一旦城市绿地系统规划与城市规划其他各子系统之间产生矛盾时，尤其在社会经济利益占主导的情况下（社会经济状况的评价是现时社会考核城市发展状况的最重要指标），城市绿地系统规划就处在劣势。而一旦其处于劣势，它所代表的社会环境利益就会受到损害，其所担当的社会环境协调的功能就无从发挥。因此就需要有一定的机制来保障城市绿地系统绿线规划作用的发挥，这一保障机制中，最主要的就是上面提到的法律保障、行政保障和经济保障。三方面保障的体现简言之就是：

◇法律是城市社会各要素相互作用的基础，只有从法律角度为城市绿线规划提供保障，才能从根本上消除危及城市绿线规划控制、管理作用的不利因素，强化城市绿地系统规划对社会各要素的协调。

◇城市政府及相关职能部门在绿线规划操作、资源分配以及管理决策方面，通过制定和实行规章制度，完善行政措施（提供行政激励、控制和惩治）等方法，保障城市绿地系统绿线规划的正常运行及其作用的发挥。

◇绿线规划以社会利益为原则，通过一定的经济手段得以施行和实现，保证其良好运行和整体价值的体现。除了必要的财政支持外，还要利用市场经济的调节和补充作用，保持城市绿地系统绿线规划的主动权和引导性。

绿线规划的保障机制反映在控制评价体系中常常都只是横向的控制作用，需要进一步完善各方面的纵向监控机制。横向控制评价的焦点集中在一些相对短期的问题上，比如绿地的开发是否以一种有效的方式完成，用于绿地建设的投资是否有一个合理的市场回报率，政府的投入是否能成功地带来民间投资等等。不可否认这些短期问题有其合适的一面，但更为重要的是应当看到对于长期的问题我们缺乏足够的关注与思考，如经济与市场循环对绿地投资定位的影响，人口流动趋势的统计对城市特定绿地布局的潜在影响，以及城市绿地系统中新开发绿地与其周边其他用地发展关系等等，这些纵向的分析与监控更有助于为绿地建设可行性方向和步骤的建立提供决策信息，更有的放矢地改进绿线规划管理工作[8]。

这三方面的保障缺一不可，互为支持，协同工作，为城市绿地系统绿线规划的运行和城市绿地建设的发展提供强有力的保障和基础，是保证绿线规划正常工作的动力来源，从而使城市绿地建设活动成为实现城市环境可持续发展目标的具体手段和过程。

5.4 小结

本章对城市绿地系统规划的控制机制及其功能表现做了详细阐述，在强调绿线规划（城市绿地系统控制性详细规划）必要性的同时，也从绿线规划的涵义与产生背景、工作体系与任务、特点与作用及其诸多关联要素等方面，对绿线规划作为城市绿地建设开发规划的直接依据等内容做了深入探讨，为接下来的有关绿线规划（控制性详规）的编制内容与方法研究提供充足而必要的理论与政策准备。

参考文献

[1]邹珊刚，等．系统科学［M］．上海：上海人民出版社，1987．

[2]陈玉清．城市建设管理中服务与控制的关系［J］．城市规划汇刊，1991（5）：47－49．

[3]中华人民共和国建设部．园林基本术语标准（CJJ/T91－2002）［S］．北京：中国标准出版社，2002．

[4]R. Geyer，J. Zouwen（Eds.）．Sociocybernefics：An Actor-Oriented Social Systems Approach．黎鸣辉，

译．社会控制论[M]．北京：华夏出版社，1989．

[5] 赵大壮，陈刚．中体西学，完善发展中国城市规划法[J]．城市规划汇刊，1991(5)．

[6] 清华大学建筑与城市研究所．城市规划理论·方法·实践[M]．北京：地震出版社，1992．

[7] 孙施文．城市规划哲学[M]．北京：中国建筑工业出版社，1997．

[8] 裘江．城市核心地段房屋再出售的纵向监控——上海市"不夜城"周边地区住房市场分析[J]．城市，2000，47(2)：35-39．

第6章

绿线管理规划方法论
——内容与编制

一个完整的绿线规划(城市绿地控制性详细规划)应该在城市绿地功能研究的基础上对绿地建设实施"定位、定性、定量"的功能性控制,同时在对城市绿地空间环境研究的基础上对绿地建设实施"定环境、定景观"的艺术性控制。

6.1 城市绿线规划的原则和特征

6.1.1 城市绿线规划的基本原则

城市绿地系统控制性详细规划(绿线规划),对上必须体现城市绿地系统总体规划的原则,对下又要直接指导详细规划、城市设计与绿地设计,为规划管理提供依据,二者的矛盾在此交汇,错综复杂。要研究怎样实现宏观把握与微观深入的协调,可以从系统论、认识论和方法论三方面理解,它们是绿线规划的基本原则所在。

6.1.1.1 系统论上有序性与艺术性的统一

城市绿线规划(控制性详规)集中体现有形态指标控制与规划管理两方面的主要内容,在这两方面内容中都会反映出有序与艺术结合的问题,这是一个系统论的问题。

城市绿地形态指标控制包括形态控制与指标控制,其中绿地形态控制涉及城市设计、场地设计和绿地设计等,对美学与艺术性有更为突出的要求;而绿线规划指标控制则更多地强调合理性与有序性,为绿地建设的良性发展和市民的方便使用创造有利的条件,即实现"合理的艺术"与"有序的控制"。

城市绿线规划管理为了从整体上更好地把控绿地建设机制,为了使城市绿地建设能够健康有序地发展,需在绿线规划法制化、绿地建设资金市场化和绿线管理实施多样化等方面加以强化,如何把以上述要素有机地组合起来使其发挥最大的效应也应讲究管理上的组织艺术,从而实现"整体的有序"和"艺术的管理"。

6.1.1.2 认识论上理想性与实用性的统一

绿线规划(控制性详规)与城市绿地系统总体规划一样,以平等和效率作为基本准则,着眼于未来,带有很大程度上的理想主义色彩,力图为城市居民的生活创造良好的聚居环境，促使城市社会与生态各方面的协调发展。绿线规划方法的这一特点可以称之为"绿线规划的理想性"[1]，它同时带有长远的观点和发展的观点。而国内有关绿线规划的一些实践，往往过多地考虑实际情况的制约，拘泥于现状，为了片面追求经济效益而有损社会效益、环境效益，这种情况的产生是由于人们对绿线规划的理想性要求缺乏足够的认识，如果不加以改变，将从根本上失去城市绿地系统控制性详规对城市绿地发展的引导作用，会造成城市绿地开发建设活动的宏观失控。

然而城市绿线规划不能脱离城市绿地发展的实际，规划理想的实现必须从分析与研究现实情况着手。绿线规划要发挥其具体指导城市绿地开发建设的作用，较之城市绿地系统总体规划来说，应该更多地考虑如何使规划适应城市发展的实际情况，采取切实可行的步骤逐步实现规划目标。这一特点可称之为"绿线规划的实用性"，它体现了其对实际情况的研究深度和适应能力，决定着绿线规划实施的可能性。由于绿线规划既要将城市绿地系统总体规划的内容加以深化和具体化，同时又必须指导详细规划设计和绿化规划管理，所以实用性的要求对于绿线规划来说十分重要。失去了实用性，城市绿地系统控制性详规不但不能发挥其应有的作用，而且还会在实践中造成混乱，阻碍城市绿地开发建设活动的开展。绿线规划的实用性主要表现在规划指导思想的合理性与具体方法的可行性两个方面。前者较为宏观，是对规划地区绿地建设发展方向、发展途径的宏观把握，如合理确定绿地性质，是以大规模开发建设为主还是保护中等的适度开发为主等。具体方法的可行性比较微观，它体现在城市绿地布局结构合理、绿地使用规划切实可行、绿化服务设施规划适应开发建设需要等具体方面，直接关系到绿线规划内容的落实，影响着城市绿地开发建设的过程。

理想性与实用性，要求在绿线规划（控制性详规）中同时存在，理解和把握其相互关系非常重要。从根本上说，两者关系应该是相互兼顾，也可以理解成目标的理想性与实施步骤的实用性相结合——选择绿地发展目标，必须兼顾全局，放眼未来，留有余地；落实目标，必须更多地考虑到现实条件的可能性，考虑规划实施的过程效益。要实现两者的有机统一，可考虑适当运用滚动规划的方法。滚动规划的基本思想是放弃城市发展的终极状态这个概念，将城市规划由封闭式转变成开放式。滚动规划程序首先是选择规划目标，然后在此基础上根据现有的认识能力对城市绿地的发展进行预测和规划并付诸实施。在规划实施过程中，还要及时收集城市绿地发展的新信息，及时做出反馈，不断对规划进行修改和调整，逐步实施规划目标。滚动规划使城市绿线规划始终走在城市绿地发展的前面，以规划引导城市绿地的发展，同时又不脱离实际情况，做到理想性与实用性相结合。

6.1.1.3 方法论上规定性与灵活性的统一

绿线规划（控制性详规）的规定性就是要求在规划中对规划地区绿地发展方向及方式、开发建设强度、城市景观等方面的内容做出种种具体而确切的规定。正是有了规定性，绿线规划才能将城市绿地系统总体规划的内容加以具体化，从规划管理角度而言，控制性规划的规定性要求显得更为重要，是其本质特征的表现之一。从目前编制绿线规划的实践来看，指标体系的规定性已得到充分的认识和重视，通过明确的指标体系来控制城市绿地开发建设活动的方法越来越为人们所接受，但问题在于绿线规划中的规定性要求是很广泛的。除了绿地使用规划方面以外，规划地区绿地的发展目标、布局结构等各方面都有许多必须通过绿线规划加以明确规定的内容，这些方面内容的确定性要求，在目前的绿线规划中往往得不到应有的重视，如果不加以改变，将在实践中削弱绿线规划的作用与地位。

绿线规划的灵活性是针对于城市绿化环境发展中的不确定性。城市规划可以理解为一个制定目标然后选择合适的方法去实现它的过程，但由于城市绿地建设的复杂性以及发展目标和实现目标方法的难以预知性，规划中如果忽视这种不确定性，必然会造成规划与实际相脱节，束缚城市绿地的发展。绿线规划的灵活性就是要在规划中保留一定的余地，它体现在规划目标的活性与具体方法的弹性两个方面，前者主要是考虑到未来发展的宏观上的多种可能性，从而在规划地区绿地发展方向和规划结构等方面保证多种选择的可能性；后者则主要是针对发展过程中的某些不确定因素而言的，如建设规模的波动、具体项目的变化等。这些因素不会引起规划绿地性质的改变，但对具体的绿地开发建设活动来说影响却是非常显著的。

规定性与灵活性在绿线规划中要加以统一，也就是说哪些因素应该加以严格规定，而哪些因素可以适当放松，什么地方应该保留弹性，弹性的范围应该多大，这些都必须在绿线规划的研究内容中具体体现。

6.1.2　城市绿线规划的用地原则

城市绿线规划的用地建设应当根据城市的山水特点结合主自然风貌、历史文化保护和旧城改造、工业布局调整、道路系统完善、特色空间塑造以及生态网络建立等综合考虑。

6.1.2.1　侵占绿地收复——清除违章建筑，还绿于民

6.1.2.2　现状绿地保留——现状绿地严格控制保护

6.1.2.3　现状绿地扩大

◇现状绿地出入口局促、用地不完整的，结合道路系统完善、特色空间塑造，扩大绿化用地规模。

◇现状绿地规模不足或配套设施不足的，需要扩大绿化用地规模。

◇现状绿地周边污染和环境建设不协调用地应予以改造，优先转化为绿地。

6.1.2.4　新建绿地

◇充分利用城市的自然条件、人文条件，显山露水，体现城市山水特色。

◇结合旧城改造、工业布局调整将一部分污染、危险工业仓储用地或者环境、生活质量恶劣的三、四类住宅用地转化为绿地。

◇结合城市更新，在主城内人口稠密、建筑密度高、绿地率低的地段，根据居民出游需要择地建设绿地，改善绿地分布和市民享有程度。

◇结合城市特色空间塑造,在城市景观重点控制地区,择地建设绿地,进一步丰富城市景观。

◇结合城市生态网架建设,在城市生态网络控制地区,择地建设绿地,进一步改善城市生态。

6.1.3 绿线规划的划定原则

(1)其他四线

利用现状和规划的红线、蓝线、黄线、紫线确定绿线。

(2)自然地貌

利用自然地形边缘和用地地面标志物确定绿线。

(3)规划用地边界

利用规划用地中已确定用地性质的边界确定绿线。

(4)平行距离、坐标定点等。

6.1.4 绿线规划的基本特征与规划期限

城市绿线规划方法的基本特征是:以城市绿地系统总体规划(或分区规划)为依据,以规划综合性研究为基础,以数据控制和图纸控制为手段,规划与管理相结合,以实施性技术法规文件的形式对城市绿地建设实施控制性的管理。城市绿线规划(控制性详规)方法体现了城市绿地系统规划工作的整体性、综合性、研究性、科学性,满足了城市绿地系统规划实施管理对规划成果的控制性、实施性和法规性等要求。城市绿线的相关规划已有部分实践,现阶段已不是要不要有绿线规划的问题,而是如何确定绿线,并就现有的绿线规划方法做一些"加法"。

城市绿线规划贯穿于城市绿地系统规划各个阶段的规划层次中,相应地规划期限应依其对应的城市绿地系统规划阶段而定,就绿线控制性详细规划阶段而言,规划期限应为10年。

6.2 城市绿线规划的控制体系

绿线规划(控制性详规)主要通过指标、图则与文本三者,构成了个完整的规划控制体系。

指标提供了一个精确的量作为管理的依据,有的指标如绿地性质,则有着的标准与定义。

图则的功能是定位,它标明地块的位置与边界,表达道路、绿地形态等的规划控制意图,并可直观地显示部分指标,其中绿地地块划分图是最重要的。为更清楚地说明规划意图,绿地布局图以及其他各种示意图都可作为辅助性的图纸纳入图则中,以某些详细规划反算指标或有必要说明指标控制下的绿地空间形态效果时,总平面图或三维示意方法也应纳入。

文本的作用有四个方面：①定性控制；②提出在一定范围内普遍的统一要求；③对管理与实施的具体过程进行指导；④对指标和图则进行强调与补充。

绿线规划是法律保证下的建设管理依据，它所涉及的行政、经济、奖惩等问题应在相应法规中制订，其自身仍然属于技术性的管理规定。

6.2.1　绿线规划中的绿地细分

绿线规划的重要工作之一是在城市绿地系统总体规划（或分区规划）的基础上对城市绿地进行微分。现已颁布的《城市绿地分类标准（CJJ/T 85—2002）》根据不同城市绿地（以下简称为"绿地"）用途按标准从粗到细分为三个层次，第一级有五大类绿地，每一大类又区分为若干中类（第二级），每一中类区分为若干小类（第三级）。城市绿地系统总体规划应达到的规划深度是划定出城市的五大类绿地，控制性详细规划（绿线规划）要在此基础上，考虑到城市绿地的分批分期建设能力，开发建设单位的经营能力，以及实际使用情况把五大类绿地进一步划分，以便考虑安排第二级（中类）、第三级（小类）用地和建设内容。

绿地细分可根据规划绿地的情况、新开发区或旧城区、面积大小等因素，采用"区—片—块"或"片—块"逐级划分的方法完成。区、片划分可依据城市绿地组织结构、天然界线（山、河、湖等）、人工界线（道路、围墙及其他设施）、行政管理组织状况（行政区划）及区划结构（新开发区）及未来的城市绿地建设内容进行划分。绿地细分的最后一级为"块"，即基本绿地地块，基本绿地地块划分既要考虑到现状情况，又要考虑到未来建设的可能。各地情况不同，具体划分方法、划分依据也会有所不同。

规划绿地按"区—片—块"逐级划分应同时编排序码。编号方法按自上而下、自左至右有规律地进行，依此仅从编号本身即可大体上表示出基本绿地地块在规划用地内的位置。基本地块编号表达要考虑到输入计算机的可能性，以有利于规划管理。

$$\boxed{分区代码}—\boxed{分片代码}—\boxed{地块编号}$$

基本绿地地块面积大小宜根据实际情况而定。一般来说，新开发区因限制因素小，便于进行大规模统一开发，基本绿地地块平均面积一般较大。旧城改造，现状情况复杂，改造制约因素多，基本绿地地块面积一般较小，如厦门市绿地系统中山路片区绿地控制性规划属旧城改造，基本绿地地块平均面积约 0.4 hm^2。

6.2.2　绿线规划中的控制指标体系

城市绿线规划（控制性详规）借助于综合指标体系管理城市绿地建设，控制和引导城市绿地的发展。控制指标体系包含多少个指标，是编制绿线规划需要认真考虑确定的问题。指标过少，不足以起到控制、引导作用；指标多也不一定意味着深度就深，到底应包含多少个指标合适，笔者认为应根据不同城市、不同地段、不同开发形式等因素选择使用，从科学性和可操作性两方面考虑出发，灵活有效地运用指标的控制功能。概括来说，根据其重要程度有以下几类指标：

(1) 必要控制指标

该类指标是对绿地、环境最基本的控制要求，绝大部分是规划中必不可少的，如绿地性质、绿地率、主要出入口方位等。

(2) 选择使用指标

该类指标对某些绿线规划对象的重要程度不亚于上一类，在其他情况下则较次要无硬性要求，如绿化形式与色彩、绿地种植类型与乔灌比、绿地游人容量、停车位、绿化容积率等。

(3) 说明性指标

此类指标不起控制作用，但对表达规划控制意图是必不可少的，如绿地地块面积、地块坐标定位、周边用地说明等。

(4) 派生指标

该类指标也是说明性的，但大部分情况下并非必需的，如景观风格、卫生设施、服务人口、拆迁率等。

本书中将开发控制指标分为规定性(控制性)与指导性两类，可以增加规划的弹性，使指标执行的严格程度分开档次，使园林、规划管理人员在实际工作中有一定的自由度和可操作性。规定性控制指标以某一确定数值为限值，表现为数字、字母或字母与数字组合标记；指导性控制指标以文字描述为主，辅以数字或字母等，具有一定的弹性，多有"建议""推荐"这样的用词。

6.2.3 综合指标体系赋值——依据和方法

对于规划地段内的每一个基本地块，相应确定综合指标体系各指标的数值或标记，就是综合指标体系的赋值过程，它是绿线规划控制的依据和方法。

综合指标体系赋值并非仅凭经验，一挥而就，而必须在满足城市绿地环境控制要求，兼顾社会、经济、环境各个方面综合协调的基础上进行，这就需要以大量的基础研究工作、深入的城市设计或绿地设计研究为依据。为保证赋值工作的质量，基础研究可包括：对城市绿地进行区位分析以及交通条件的分析，不同地带开发费用结构的调查，周边地段用地性质和利用强度分析，对城市未来绿地建设发展趋势的预测等，若是旧城改造项目还应进行拆迁率与拆迁费用的调研。

同时，绿线规划还包括对城市绿地空间环境的控制与管理，因而城市设计研究与绿地方案设计工作是绿线规划指标体系赋值的辅助研究手段之一，在规划地段内选择有代表性的基本地块和重点地块进行绿地方案设计，有助于比较分析不同绿化布局方案与指标体系定值之间的关系，进行指标赋值的决策。

6.3 绿线规划的工作内容

绿线规划的工作内容主要包括：①规划控制研究，包括对规划绿地基本功能、环境保护、景观环境的控制性分析,确定规划绿地建设指导思想,解决现状存在问题和绿地改造的主要措施,提出规划绿地功能结构调整方案,规划绿地定位、定性设计,空间环境组织及控制要求等;②确定规划绿地地块的建设控制要素系统及定位控制数据;③编制实施性技术法规文件及附件。

6.3.1 绿地分类与代码

以往根据不同的功能要求,城市绿地会有不同的分类方法,但建设部于2002年发布《城市绿地分类标准(CJJ/T 85—2002)》(以下简称为《标准》),为规范起见城市绿线规划应以《标准》内的绿地分类为依据,进行绿地分类细划。《标准》将绿地分为大类、中类、小类三个层次,共5大类、13中类、11小类,大类用英文"Green Space"的第一个字母 G 和一位阿拉伯数字表示;中类和小类各增加一位阿拉伯数字表示,如 G_1 表示公园绿地,G_{11} 表示公园绿地中的综合公园。具体内容参见下表6.1或《标准》中表2.0.4绿地分类表。在绿线规划控制图则中一般应将绿地性质分到小类,中小城市的绿线规划可以考虑只控制到中类。现将绿线规划中常用的部分绿地分类及代码加以说明:

(1)综合公园

性质代码为 G_{11},是居民休闲、娱乐、健身、游憩、科普等各种活动的重要场所。依面积大小分为全市性公园(G_{111})和区域性公园(G_{112}),全市性公园面积一般在10 hm^2以上,为全市居民服务,兼顾邻近地区;区域性公园面积为 5~10 hm^2,服务半径1000~1500 m,为市区内一定区域的居民服务,具有较丰富的活动内容和设施完善的绿地。公园是城市主要的绿化中心,其绿化率不得小于65%。

(2)社区公园

性质代码为 G_{12},为一定居住用地范围内的居民服务,主要有居住区公园(G_{121})和小区游园(G_{122})。居住区公园面积为 2~5 hm^2,服务半径500~750 m;小区游园位于居住区内,属居住用地,服务半径300~500 m,绿化率75%,供居住小区内的居民进行健身、休闲的集中绿地,一般在城市绿地指标统计中也把它计算在内。

(3)带状公园

性质代码为 G_{14},有一定游憩设施的狭长形绿地,主要有滨水绿地(G_{141})和沿道路绿地(G_{142})。滨水绿地是沿河、湖、海等水域边缘,呈带状或长条状,供市民共享的公共休闲与观景绿地,绿化率不小于65%;沿道路绿地一般是指沿城市道路以景观性树种、植被为主的带状绿地,绿化率大于80%,绿地宽度大于 8 m,可设置少量休闲设施。

(4)街旁绿地

性质代码为 G_{15},也就是以前常指的街头小游园,位于城市道路用地之外,相对独立成片的小型沿街绿化用地,主要分布于街头,或间插于沿街商业带中,结合街道与边角建设用地设置,面积一般不少于 400 m^2,绿化率大于65%,服务半径为250~500 m。

(5) 绿化广场

性质代码为 G_{16}，面积大于 3000 m²，可容纳 80 人以上，绿化率大于 60%，硬质铺装较多的，供人们进行各种休闲活动的开放型绿地，大多选址于景观轴线结合处。

(6) 防护绿地

性质代码为 G_3，呈长条状分布，绿化率为 100%，一般不供人们进行活动，以防护性树种、植被为主，主要起安全防护、卫生隔离功能的带状绿地。

此处，需要特别说明的是：①《标准》中并无"绿化广场"这一项绿地分类，但笔者认为非常有必要把该专项分类单独列出，国内城市建设中各类市政广场或休闲广场日益成为各地城市开发和展示城市风貌的重点地段，虽然各方对于城市广场到底应算作"道路广场用地"还是"绿地"争论不休，但无论其规模大小甚或绿化多少，城市广场都是城市市民生活中重要的开放空间，考虑到其特殊性与重要性，在绿线规划中必须对较大型广场绿地的控制加以说明和反映，因此在公园绿地（G_1）大类中加入"绿化广场"（G_{16}）中类来完善绿线规划控制体系中的绿地分类内容；②《标准》中的带状公园（G_{14}）并未再细分，笔者在这里把它分为滨水绿地（G_{141}）和沿道路绿地（G_{142}）两小类，这样再细分也是考虑到以往各方对道路绿化的争论（如道路红线内外的绿化及其用地宽度对道路绿地定义的影响等等），为明确表达规划的重点和可操作性，特别指出"绿地宽度大于 8 m 的沿城市道路两侧带状绿地为沿道路绿地"，并对其做出各项绿线规划控制，而不再拘泥于其他相关具体问题和定义的探讨。

表 6.1　绿地分类表

分类代码			类别名称	内容与范围	备注
大类	中类	小类			
G_1			公园绿地	向公众开放以游憩为主要功能，兼具生态、美化、防灾等作用的绿地	
	G_{11}		综合公园	内容丰富，有相应设施，适合于公众开展各类户外活动的规模较大的绿地	
		G_{111}	全市性公园	为全市居民服务，活动内容丰富，设施完善绿地	
		G_{112}	区域性公园	为一定城区居民服务，有较丰富活动内容的绿地	
	G_{12}		社区公园	为一定居住用地范围内的居民服务，具有一定活动内容和设施的集中绿地	不包括居住组团绿地
		G_{121}	居住区公园	服务于一个居住区的居民，具有一定活动内容和设施，为居住区配套建设的集中绿地	服务半径：0.5~1.0 km
		G_{122}	小区游园	为一个居住小区的居民服务，配套建设的集中绿地	服务半径：0.3~0.5 km
	G_{13}		专类公园	具有特定内容或形式，有一定游憩设施的绿地	
		G_{131}	儿童公园	单独设置，为少年儿童提供游戏及开展科普、文体活动，有安全、完善设施的绿地	

(续)

分类代码			类别名称	内容与范围	备注
大类	中类	小类			
G_1	G_{13}	G_{132}	动物园	在人工饲养条件下保护野生动物，供观赏、普及科学知识，并具有良好设施的绿地	
		G_{133}	植物园	进行植物科学研究和引种驯化，并供观赏、游憩及开展科普活动的绿地	
		G_{134}	历史名园	历史悠久，知名度高，体现传统造园艺术并被审定为文物保护单位的园林	
		G_{135}	风景名胜公园	位于城市建设用地范围内，以文物古迹、风景名胜点（区）为主形成的具有城市公园功能的绿地	
		G_{136}	游乐公园	具有大型游乐设施，单独设置，生态环境较好的绿地	绿化占地比例应大于等于65%
		G_{137}	其他专类公园	除以上各种专类公园外具有特定主题内容的绿地，包括盆景园、体育公园、纪念性公园等	绿化占地比例应大于等于65%
	G_{14}		带状公园	沿城市道路、城墙、水滨等，有一定游憩设施的狭长形绿地	
		G_{141}	滨水绿地	沿河、湖、海等水域边缘，呈带状或长条状，供市民共享的公共休闲与观景绿地	
		G_{142}	沿道路绿地	沿城市道路以景观性树种、植被为主，有少量游憩设施的带状绿地	
	G_{15}		街旁绿地	位于城市道路用地之外，相对独立成片的绿地，包括小型沿街绿化用地等	绿化占地比例应大于等于65%
	G_{16}		绿化广场	硬质铺装较多，供人们进行各种休闲活动的开放型绿地，大多位于景观轴线结合处	绿化占地比例应大于等于60%
G_2			生产绿地	为城市绿化提供苗木、花草的苗圃、花圃等圃地	
G_3			防护绿地	城市中具有卫生、隔离和安全防护功能的绿地。包括卫生隔离带、道路防护绿地、城市高压走廊绿带、城市组团隔离带等	
G_4			附属绿地	城市建设用地中绿地之外各类用地中的附属绿化用地。	
	G_{41}		居住绿地	城市居住用地内社区公园以外绿地，包括组团绿地、宅旁绿地、配套公建绿地、小区道路绿地等	
	G_{42}		公共设施绿地	公共设施用地内的绿地	
	G_{43}		工业绿地	工业用地内的绿地	
	G_{44}		仓储绿地	仓储用地内的绿地	
	G_{45}		对外交通绿地	对外交通用地内的绿地	
	G_{46}		道路绿地	道路广场用地内的绿地，包括行道树绿带、分车绿带、交通岛绿地、交通广场和停车场绿地等	
	G_{47}		市政设施绿地	市政公用设施用地内的绿地	
	G_{48}		特殊绿地	特殊用地内的绿地	
G_5			其他绿地	对城市生态环境质量、居民休闲生活、城市景观和生物多样性保护有直接影响的绿地。包括风景名胜区、水源保护区、郊野公园、森林公园、自然保护区、风景林地、野生动植物园、湿地等	

资料来源：《城市绿地分类标准（CJJ/T 85—2002）》，有部分调整。

6.3.2 绿线规划开发控制细则

6.3.2.1 用地控制

用地控制是指对绿地位置、性质、面积、兼容范围、主要出入口位置等方面做出规定。根据每块城市绿化用地所担负的不同绿地功能，划分为不同性质的绿地类型，如综合公园、街旁绿地、沿道路绿地、绿化广场、防护绿地等。各地块控制细则可在规划文本中列出附表《地块绿线开发控制性指标一览表》（表6.2）集中表达。

表6.2 地块绿线开发控制性指标一览表

地块编号	绿地代码	绿地性质	绿地面积（m²）	绿地率（%）	绿地游人容量（高峰小时）	主要出入口方位				备注
						东	南	西	北	

（1）绿地性质与兼容

各地块绿地性质确定是由用地区位、整体用地布局结构、交通组织、现状用地等因素综合确定的，并受到该片区社会经济发展以及城市生活活动需求的制约。

在确保该片区规划目标和环境标准条件下，因建设发展需要，经规划、园林主管部门批准，绿地使用性质可有条件调整，但应符合以下规定：

◇绿地性质的调整，原则上在绿地的不同性质内进行。

◇绿地性质的调整，应符合绿地的兼容性要求。

绿地的兼容范围仅限于广场用地（S_2）、社会停车场库用地（S_3）及市政公用设施用地（U）等。绿地若确需在兼容范围内改变性质的，须由城市规划、园林主管部门根据周边基础设施条件及调整后该用地对周围环境的影响，核定具体的兼容适建范围。

（2）绿地面积

绿线是指用以界定绿地范围的界线。一旦确定，就与红线具有同等的法律效应，城市绿线内的用地，不得改作他用[2]，可以结合规划道路红线、土地利用批租线、土地利用现状、天然界线等多方面因素来确定绿线的范围。各地块绿线的定位应在城市绿地控制性详细规划图纸"绿线定位图"中明确表达。

绿地面积，准确表述应是"绿地地块面积"，是指由绿线围合而成的水平投影面积，是规划地块细化后绿地性质明确的地块面积。各绿地地块面积在《地块绿线开发规定性指标一览表》和规划图则中都要有所表达。由于城市绿地地块中并非所有用地都用于绿化，还有部分道路用地和建筑用地等，在计算地块绿地率时用到的"绿地面积"与"绿地地块面积"并非同一个概念，它更准确地表达应是地块中的绿化面积，因此，依常识为方便起见，如无特别说明本书中出现的绿地面积一般是指"绿地地块面积"。

(3) 主要出入口方位

出入口方位是规划地块允许设置出入口的位置，是规划地块与道路联系的方位。交通出入口控制应该以有利于交通的合理组织、尽可能减少对城市交通的干扰、并能方便绿地使用者出入为原则确定，部分规划中还应有出入口数量指标。主要出入口应重点设置在人流较密集的地方，其入口离主干路交叉口不小于 70 m，离次干路交叉口不小于 50 m，且出入口相互间距在主干道上不小于 10 m；在次干路上不小于 7 m。在《地块绿线开发规定性指标一览表》和规划图则中，用英文东(East)、西(West)、南(South)、北(North)四个方位的第一个字母(E、W、S、N)组合起来表达。

6.3.2.2 容量控制

容量控制是为了保证良好的绿地环境质量，按照绿地建设用地的已有绿量、人造绿量及所能容纳游人量，对土地的开发做出合理的控制与导引，其控制指标包括绿地率、游人容量、绿化容积率等。

(1) 绿地率

绿地率(greening rate)是指规划绿地地块中，各类绿化用地(即用于栽植树木、花草和布置园艺、水面等的用地)面积与该地块总用地面积之比。部分水面可视实际情况按水面面积折算，而垂直与屋顶等其他形式的特殊绿化一般无需纳入绿地率的面积计算，若确实需要应提出相应换算办法。规划范围内各地块绿地率指标控制在《地块绿线开发规定性指标一览表》和规划图则中分别列出，表中绿地率为下限指标，该地块的绿地率不得低于相应绿地率指标的规定值，公园绿地的绿地率一般不能低于65％。

在实际规划中还会用到绿化覆盖率这一概念，是地块内各类植被覆盖垂直投影面积与地块面积之比(垂直与屋顶绿化面积计算需经折算)。如需用绿化覆盖率进行控制，可对树种及其株数提出要求，这样根据植物的生长特点、当地气候条件及规划年限要求可以基本达到规划目标，可作为衡量绿量和反映绿化程度的相对数据。但由于它是一个变量，缺乏一定的操作性，不利于规划管理核查，所以不作推荐。

(2) 绿地游人容量

绿地游人容量是指游览旺季高峰小时内，城市绿地所能容纳游人的最大值，可通过计算与观测数据得出。其计算方式是——将某一地块的总面积除以该地块的人均绿地占有面积(每一块绿地根据其性质及不同的区位，拥有不一样的人均绿地占有面积，一般在 30~60 m²/人)。该指标可以反映出城市对公园绿地的需求量、布局要求及发展趋势，也可以据此协调公园绿地性质、内容与旅游业的相应关系，是公园绿地绿线规划中重要的容量控制指标之一，在《地块绿线开发规定性指标一览表》和规划图则中应有表达。如需要还可通过抽样调查分析出绿地本市居民与外来游客以及不同距离居民来游园的比例。

第6章 绿线管理规划方法论——内容与编制

(3)绿化容积率

绿化容积率(Green plot ratio)是指一个规划绿地内所有植物的单面叶面积总和与绿地地块面积之比[3],可以作为绿色空间的控制指标。绿色容积率(GPR)反映了生物生产能力和生态服务功能的强弱,可以较直观地体现城市绿色生态环境质量,同时绿色容积率又与建筑容积率的概念近似,规划设计和决策人员容易理解和接受,在城市绿地系统绿线规划中是可以作为研究、测算绿化环境效益的考虑指标之一,但不做硬性的指标规定,对于特大城市绿地系统规划中的分区绿线规划中大型绿地控制建议使用该项指标,并在《地块绿线开发控制性指标一览表》的备注中加以说明。常见的几种植被类型的绿色容积率见表6.3。

表6.3 几种植被类型的绿色容积率(GPR)

植被类型(Vegetation type)	绿色容积率(Green plot ratio)
草 坪	1
花园或小灌木	3
农田作物	4
以乔木为主的高密度植物群落	6
湿 地	6

资料来源:参考文献[3]。

(4)园路路网密度

园路路网密度是指城市绿地中单位陆地面积上园路的路长。其值的大小影响到园路的交通功能、游览效果、景点分布和道路及铺装场地的用地率等。路网密度过高,会使绿地分割过于细碎,影响总体布局的效果,并使园路用地率升高,减少绿化用地;路网密度过低,则交通不便,造成游人穿踏绿地。由于各城市绿地的内容、地形条件不同,园路路网密度的限制只给出一个范围,即 $200 \sim 380 \text{ m/hm}^2$。在绿线规划中该指标不做硬性规定,如确需要可在《地块绿线开发规定性指标一览表》的备注中加以说明。

(5)停车泊位数

停车泊位数是指规划绿地内规定的停车车位数量,包括机动车位数和非机动车位数。这一指标对于大型公园绿地的规划控制极为重要,如需要应在《地块绿线开发规定性指标一览表》中单独列出或在备注中着重说明。

绿化容积率、园路路网密度、停车泊位数都是选择性控制指标,在绿线规划控制中不做硬性要求。

6.3.3 绿线规划设计导引细则

6.3.3.1 绿地功能

每块绿地在城市中都有其主要功能,通过对每块绿地主要功能的定位,从而决定其绿化形式和绿地种植类型及乔灌比。

绿地的主要功能有以下三种：

(1) 生态功能

一般的绿地都具备净化大气污染，提高空气质量的生态功能。在所有的城市绿地中，防护绿地的生态功能最为明显。

(2) 美学功能

是指绿地为城市提供景观效果，给人以美的感受的作用。在所有的绿地类型中，沿道路绿地和滨水绿地的美学功能要求最为明显。

(3) 游憩功能

是指绿地为人们提供各种活动场所，供人们游玩、休憩的功能。防护绿地与沿道路绿地原则上不提供人们活动，其游憩功能较弱。综合公园、社区公园、滨水绿地、绿化广场、街旁绿地都以为人们提供舒适、美观的户外休闲活动场所为主要功能。

各地块绿地功能可在规划文本附表《地块绿线开发指导性指标一览表》（表6.4）中有所体现和表达。

表6.4 地块绿线开发指导性指标一览表

地块编号	绿地代码	绿地性质	绿地种植类型与乔灌比	绿化形式	绿地功能			备注（景观风格、卫生设施及其他绿化设施）
					生态	美学	游憩	

6.3.3.2 绿化形式

绿化形式是对绿地中各个绿化要素进行空间布局、形态尺度的组合与安排，很大程度上决定着城市绿地的艺术风格。大致可以分为以下几类：

(1) 自然式

注重绿化形态与地形的结合，能有效地利用现状，因地制宜，营造亲切宜人的尺度感，并将自然风景引入城市中。一般街头小游园、居住区绿地与公园较多采用这种种植形式。

(2) 规则式

是与自然式相对的一种绿地种植形态，以规则的几何图形为主要的绿化形式，能营造宏伟、深远的景观感受。一般城市广场、沿道路绿地和防护绿地较多采用这种绿地种植形式。

(3) 大草坪

是一种平面二维的景观形态，视线遮挡率低，能营造宽广的景观感受，给人们创造舒适多样的交流空间。城市广场、公园会较频繁的使用这种绿化种植形式。

(4) 疏林草坪

在大片的草坪上零星地点缀几棵景观性树种，容易形成景观标志，景观性强，因此在街头小游园、绿化广场等各种绿地会被较多地使用。

(5) 密林

树间距较小，视线遮挡率高，有较强的隔离作用，还能形成较为私密的交流空间，一般防护绿地、公园会采用这种绿化种植形态。

(6) 混合式

以上五种绿化形式混合使用，有利于营造丰富立体的植物景观。较多地应于公园、街头小游园等。

各地块绿地功能可在规划文本附表《地块绿线开发指导性指标一览表》中有所体现和表达。

6.3.3.3 绿地种植类型与乔灌比

各地块绿地类型与乔灌比可结合起来在规划文本附表《地块绿线开发指导性指标一览表》中一起表达。

(1) 绿地种植类型

将绿地种植类型独立的列为一项绿地设计指导性指标，主要是为了对每块绿地内树种的配置做一个宏观的导引，使规划对于每一块绿地从性质、形态、功能、造价等方面有一个总体、宏观的定位。

◇综合公园绿地无论从规模、面积、容量、功能上来讲，都是城市相对最大的绿地单位，这就决定了其绿地种植类型的多样性。它集合了乔木、灌木、草坪、花卉等形态各异、色彩丰富的植物。

◇社区公园、街旁绿地设计导引以灌木、草坪、花卉为主，乔木则起点缀作用，且设计需考虑色相形态的变化。

◇沿道路绿地考虑其带状景观的塑造与交通隔离，应以乔木、灌木为主，在部分重点路段配以花卉的点缀。在设计时需要考虑树种色相与形态的变化，营造多样的景观感受。

◇绿化广场其指导性原则是以乔木、草坪为主，花卉、灌木点缀。考虑广场作为城市比较大型的人口集散地，会有相对较多的硬地，所以景观上以景观树阵及片状草坪为主，辅以景观花带增加其色彩的变化。

◇防护绿地考虑其主要功能是对污染的防护隔离，以乔木、灌木为主，形成立体绿化，对树种的色彩要求不高，但是需要有防护隔离等功能。

(2) 乔灌比

乔灌比表达的是较大的绿地地块中乔木与灌木在数量上的比例，每一种绿地根据其性质的不同,其乔灌比也不尽相同。

◇综合公园绿地一般树种类型较多,乔木与灌木都会被普遍大量的使用,所以乔灌比一般在 2:1~1:2。

◇社区公园、街旁绿地一般以自然式的绿化种植形态为主,乔木用以点缀的作用,所以乔木的比例相对降低,乔灌比一般为 1:1~1:3。

◇沿道路绿地的乔灌比一般为 1:2~1:10。

◇绿化广场的乔灌比一般为 3:1~1:1。

◇防护绿地要达到其防护隔离的功能,需要一定的高度和宽度,乔木的比例相对较高,乔灌比一般为 2:1~5:1。

6.3.3.4 其他设计导则

(1)景观风格与色彩要求

在绿地地块的指导性指标中,景观风格与色彩的导引有助于形成整个片区乃至整个城市井然有序的特色绿化景观风格,其中可以涉及民族形式与地方风格等特色景观,如热带风光、田园文化等风格表达,以及明快、浓重、淡雅等色彩描述,重点突出公园、广场等的不同绿化景观风格。

(2)卫生设施

卫生设施指导性控制指标主要包括规划绿地垃圾收集方式(如垃圾桶)及公厕的布置,垃圾收集桶服务半径为 50~100 m,在绿地中 300 m 的服务半径内应布置有公厕,在容量较大的绿地和主要的街道以及地段应适当提高公厕的密度。

其他设计导则还可以包括休闲小品、灯光设施、广告标识、地面硬质铺装等的建议性指导要求。

在实际规划编制中《地块绿线开发规定性指标一览表》与《地块绿线开发指导性指标一览表》也可根据需要合并为一个附表。

6.3.4 树种规划

树种规划是城市绿线规划工作中一项重要的补充内容,包括规划绿化植物数量与其他技术经济指标,以及基调树种、骨干树种和一般树种的选定。具体见《城市绿地系统规划编制纲要(试行)》中树种规划的相关编制内容与要求。

绿线规划中的树种规划应遵循以下一些原则:

◇以乡土树种为主来创造特色,充分挖掘地方植物资源;适当结合引种外来边缘树种,丰富植物品种多样性。

◇选择生态效益好、观赏价值高的植物种类,防护林、生态保护林可考虑使用有经济效益的植物种类。

◇适地适树,选择抗性强、管理粗放、易于推广的植物种类,速生树和慢生树相结合。

◇加强垂直绿化植物品种的选择,增加花、灌木品种,丰富城市景观层次与色彩。

◇树种规划要有时效性，不断修改和补充。

6.3.5 城市设计与绿地设计

城市设计研究与绿地方案设计工作是编制绿线规划中较为重要的工作内容。一般会在规划地段内选择有代表性的基本地块和重点地块，进行形态布局、景观组织、三维空间表现等多个详细方案设计。既可作为规划者期望目标形象的体现和设计意图的传达，也可以帮助比较分析不同绿化布局方案与指标体系定值之间的关系，最终可以得出一个既合理又美观的方案所对应的控制指标体系作为该地块绿线规划控制最优选择。

6.3.6 规划图则

6.3.6.1 图纸内容

城市绿线规划一项重要的工作内容就是规划图纸的绘制，图纸内容应包括：
◇城市绿地区位关系图。
◇现状图：包括城市各类绿地现状图以及古树名木和文物古迹分布图等。
◇城市绿地现状分析图。
◇城市绿线规划景观结构与绿地系统结构图。
◇城市绿线规划绿地分类及地块编号总图。
◇城市绿线规划绿线定位图。
◇各地块绿线控制指标图表(分图则)。
◇重点地段绿地方案设计图：包括总平面图、立面图与剖面图等。
◇规划绿地分期建设图。

注：①图纸比例与城市分区规划图基本一致，一般采用1:3000~1:5000；城市绿地区位关系图宜缩小(1:5000~1:10000)；各地块绿线控制指标图可放大(1:1000~1:2000)；重点地段绿地方案设计图一般采用1:500~1:1000；所有图纸都应标明风玫瑰。②部分图纸可根据实际情况适当合并表达，如城市绿线规划各地块控制指标图和城市绿线规划绿线定位图可以合并。分图则也可作为文本的组成部分，用分图则表示的绿线规划可省去文本中的控制指标一览表。

6.3.6.2 地块绿线控制指标图则说明

在地块绿线控制指标图中，各地块的开发控制规定性指标集中于一个框表图则中，在图纸中该地块所在位置出现，使人一目了然，能更清晰地把握该地块的绿线规划控制指标表6.5。

表6.5 绿线规划控制指标表

地块编号	绿地分类代码	绿地性质	绿地面积(m^2)
	绿地率(%)	绿地游人量	出入口方位

举例说明：

A-1-01	G_{111}	全市性公园	20000（m^2）
	≥70%	1500（人）	E，S

6.3.7 其他内容

在绿线规划工作内容中还可根据实际情况进行分期建设、投资效益评估与分析、管理实施措施（见下节6.5.2）等方面的工作，具体情况具体分析，在此不做深入探讨。

6.4 居住绿地的绿线规划

居住绿地（G_{41}）是最接近市民生活的一类绿地，虽然它不计入城市用地中的城市绿地分类统计，但它覆盖面广，分布均匀，对城市的普遍绿化起着很重要的作用。如规划中确需进行居住绿地的指标控制规划，则应当摆脱现有的"解困""安居"观念，充分考虑现状条件，推广生态住区的概念，"生态住区的环境应该尽量以软环境带动硬环境，提高绿化在景观环境里的比重"[4]，力求为人们创造理想的健康居住环境，使更多的绿色空间渗透于生活中。

6.4.1 居住绿地的绿地率规划指标

◇根据现有规定，参照国内外城市先进的居住区绿地率指标，建议：多层（4～6层）为30%以上，高层（8层以上）为40%以上，低层花园别墅为50%以上。

◇对于城市现有绿地率较低，达标改造（出新）有一定困难的居住用地，应经园林管理部门同意，将指标控制在15%以上，并严格控制其他影响生活质量的设施建设。

◇严格控制老城区改造中居住用地绿地率，改造后必须达到30%的指标。

6.4.2 居住绿地的绿线规划原则

◇居住区绿地建设应以住宅周围绿化为基础，以居住区公园（小区公园、游园）为核心，以道路绿化为网络，使居住区绿化自成体系。

◇居住区绿地应以植物造景为主，塑造绿色空间，风格宜简洁、开朗，并具有个性。

◇居住区内各组团绿地既要保持风格统一，又要在主题构思、布局方式、植物选择等方面做到多样化。

◇居住区内植物选择，要注重乔、灌、草比例，在适合种大树的位置多种乔木，下植灌、草，形成生态园林，同时禁用有毒植物，少用带刺、易过敏的植物。

◇新规划居住区公园和小游园面积应不低于$2 m^2/$人，现状公共绿地指标不足的居住区应通过改造达到$1～2 m^2/$人。

◇充分利用垂直绿化、屋顶、天台、阳台、居室绿化等多种方式,增加绿色景观效果,美化居住环境。

6.4.3　居住绿地规划设计要点

(1) 住区内公共绿地

布局应尽量与居住区公共活动中心或商服中心相结合,以形成居住区的景观中心,便于居民日常活动和游憩。公共绿地应以植物造园为主,可设置一些文化体育设施、游憩场地、老人儿童活动场地等。可利用灯饰、芳香型植物,创造夜晚景观特色,以适应居民多在早晚游园的活动特点。

(2) 组团绿地

绿地布置尽量与周围环境相协调,并满足通风、日照等卫生防护要求。对于外形相同的住宅,绿地应各有特色,增加识别性。在较大空间绿地上可布置简单的幼儿活动设施。

(3) 住区道路、停车场

居住区道路绿化景观应比城市道路更丰富;行道树可选用花果、色叶类为主的乔木,下植花灌木,形成花园景观道路。

对于地面停车场,绿化应提高覆盖率,采用树林广场或嵌草铺装等形式;对于地下停车场,地面绿化可采取小游园形式,丰富居民室外活动空间。

针对住区道路可以提出"生活街道"的概念,即利用道路变弯、疏散停车、制造"驼峰"路障等措施来减缓车速。由于居住区公园面积常常比预定的面积要少,因此必须寻求更多开放空间的绿化,考虑公园式街道或游戏街道[5]。首先,宽度小于 4 m 的小区道路不准停车,居民可以认养自家门前的花坛或绿地;其次,小区次级道路应优先绿化或变马路为小区次级道路;再次,游戏街道是一种时段性控制的空间,是有绿化、可游戏且人车共存的空间,儿童放学后可以在这样的邻里空间内游戏。这些措施都要靠有效的居住区绿线规划,将整个居住区连成一个开放的空间绿色系统。

6.5　城市绿线管理

6.5.1　绿线规划的操作层面

针对城市规模、各城区建设性质、绿地发展等多方面的情况,在不同的城市规划层面,绿线规划有着不同的操作模式。

就城市规模而言,特大城市的绿线规划工作相对复杂,首先应就城市现状条件把城区范围分成几个大的分区,在分区基础上再进行绿线规划,而且绿线规划的内容以明确绿地性质和范围为主,由于绿地地块较多,可以适当减少对指标的控制要求;而中小城市的绿线规划对绿地分类要求不高,一般绿地分类到中类即可。

旧城改造中的城市旧城区绿线规划强调的是绿地结构的调整，对现状条件的把握更为重要，同时由于现状情况复杂，改造制约因素多，基本绿地地块平均面积一般都较小，绿地率提高幅度不大，但游人量却并未减少，因此绿地景观风格的塑造显得尤为重要，绿地性质兼容性问题也会有所不同；而城市新区或开发区中的绿线规划更重视绿地空间结构的规划，新区便于大规模统一开发，绿地面积一般都足够大，各项控制指标更能体现城市绿地的建设发展目标。

涉及绿线管理与绿地开发的关系问题，需要认清绿线开发管理的关键是"观念"的转变，而观念转变的关键又在于对"绿线规划"的认识上。如果说绿线规划的目的依然明显地具有人文性、社会性和文化性，那么，它的途径和手段则应当是技术性、经济性和金融性的。关键在于，不是简单地区分什么是开发，什么是管理，而是从宏观经营与微观控制的角度将两者有机地结合起来[6]。

6.5.2 绿线规划的实施管理措施

城市绿化绿线规划的实施需要完善的实施机制，走法制化、民主化、公开化的道路，切实保证城市绿化用地，落实城市绿化建设资金，理顺绿化管理体制。在绿地开发建设策略上，还要注意有理有节，合理开发，不盲目上项目，而是抓重点、抓特色[5]。

6.5.2.1 城市绿化绿线规划的实施需要健全法律制约机制

◇通过法律制定使规划与管理多系统协作化，一方面建立详尽的绿线规划图则、文本以及城市规划信息系统网络(UGIS)；另一方面，以图则管理为主要方式，保证较好的整体关系，同时提高工作效率，从而全面、综合、动态、高效地调节和控制城市绿地建设。

◇通过法律制定使公众参与城市规划决策法定化，配合经济、行政、教育、宣传等方面的辅助措施，从发布信息、介绍成果，到听取意见、修正方案，最终集思广益、共同决策，保证规划的民主性与合法性。

◇通过法律制定使规划修改和调整规范化，一方面既维护既定规划的严肃性、权威性，另一方面也保留既定规划的申诉权，保障规划有一定的灵活性。

6.5.2.2 城市绿化绿线规划的实施需要落实资金投入机制

◇保证绿地建设资金的主渠道——政府投入，并进行分级投资，市级投资用于全市性大型绿地建设，区级投资主要用于社区公园、街旁绿地等建设。

◇地区综合开发或批租应将绿地建设纳入开发范围，政府批租收入应按比例投入绿化设施的建设。要严格控制规划绿地的损失，避免降低城市环境质量的现象发生。

◇城市绿道、主要城市干道绿带和大型绿地的开发建设应列入重点项目，享受一定的优惠政策。除政府拨款外，在征地、建设经营中可反馈市属各项税费，作为国有资产的投入份额，以保证绿地建成后的稳定性。

◇污染企业和工业区外的防护林，应由污染企业或工业区承担，环保部门用于污染治理款项反馈一定比例,用于隔离林带建设。人防经费亦应规定比例,作为旧区防灾绿化空间的投入。

◇鼓励社会法人、私营企业和个体工商户以投资、捐资、认养、认管等多种形式,参与城市绿化建设和养护管理,建立多元化的、稳定的城市绿化建设筹资机制,拓宽资金渠道,加快城市绿化建设。

6.5.2.3 城市绿化绿线规划的实施需要理顺规划管理体制

◇理顺园林绿化管理体制,在新一轮机构改革中,形成部门统一、城乡一体的管理机构,以克服多头管理、各自为政的现象,避免由此带来的规划、建设、管理上的缺位和资源的浪费。

◇实行"政企分开""管养分离",深化园林绿化管理体制的改革,增强发展活力。在城市绿地建设和绿地养护管理中引入市场机制,大力发展园林旅游业、园林绿化工程业及相关产业,减负增效,促进绿化事业发展。

◇积极探索城市绿化、绿线管理实施形式的多样化,走出一条体制创新、加快绿化事业发展的新路子。

6.6 小结

本章对城市绿线规划的内容与方法进行深入探讨,详细介绍了绿线规划的控制指标体系和设计导引等工作内容和编制要求,以及有关绿线规划的分析评估方法和实施管理措施,真正体现出绿线规划的"有序的控制"与"艺术的管理",为今后国内城市绿线规划的标准化编制提供依据。绿线规划的主要内容如图6.1。

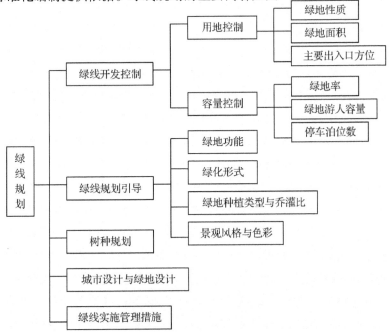

图 6.1 城市绿地系统绿线规划的主要内容

（本章有部分内容根据《南京城市绿化绿线规划（2001—2020）》的相关内容研究得出。）

参考文献

[1] 耿宜顺. 控制性规划的理论基础[J]. 城市规划汇刊，1991(6)：34-37.

[2] 中华人民共和国建设部. 城市绿线管理办法，2002.

[3] B. L. Ong. Green plot ratio：An ecological measure for architecture and urban planning[J]. Landscape and Urban Planning, 2003, 63：197-211.

[4] 周在春. 论绿色生态住宅小区景观设计方案[C]//首届中国绿色生态住宅与经济可持续发展2004论坛，2004.

[5] 裘江. 社区公园与社区绿化的经营管理[C]//1999年度"浦东路桥杯"科研成果专题论文集，2001.

[6] 裘江，裘晟. 机遇与变迁——甘肃省定西县历史文物保护和旅游资源开发策划与建议[J]. 小城镇建设，2002，29(4)：20-21.

下篇 案例与实践研究

第 7 章

城市绿线规划评价分析及应用
——以厦门市为例

　　景观视觉与生态评估研究是城市绿线规划更好地把控城市现状条件，也是解决绿线管理与城市绿地环境发展之间矛盾的方法基础和技术保障；正确评价城市绿地景观是正确设计城市景观或进行城市绿线规划的基础，而多元的"公众"需求是城市绿线规划中的景观评价方法研究的核心问题。如何在城市绿线规划评价分析中体现有序与艺术的平衡，如何建构"人本尺度"(human-scale)的城市绿地，分析评价城市绿地景观，是城市绿线规划与相关学科研究的重点。本章以厦门市为例对大城市中心城区绿地系统绿线规划进行介绍。

7.1　城市绿线规划中的景观评价艺术与方法

　　毫无疑问，城市绿线规划的景观评价是对城市绿地景观建设和绿地使用的艺术性与美学的综合评价，同时如何正确而全面地评价分析城市绿线规划与城市景观也需要有合理的评价艺术与方法。

　　近年来，城市景观评价方法层出不穷。最具代表性的方法有两种类型：一种是侧重于个人或群体对景观质量进行主观的非量化评价(non-quantitative evaluation)，另一种方法是通过对景观的物理特性进行理性分析研究而得出的客观量化评价(quantitative evaluation)。由于城市绿地建设亦涉及城市历史文化等诸多非量化因素，因此非量化评价方法适用的范围更为广泛，城市绿线规划可以采用以下三类方法进行综合分析：详细描述法、公众偏好法和景观视觉分析法(图7.1)。

7.1.1　详细描述法

　　详细描述法是应用最多的方法之一，涵盖了大多数的城市景观资源评价，包括以非量化及定性化的方法来分析描述景观元素。

　　详细描述法包含了两种假设，其一就是，景观的价值能以其构成成分的价值来解

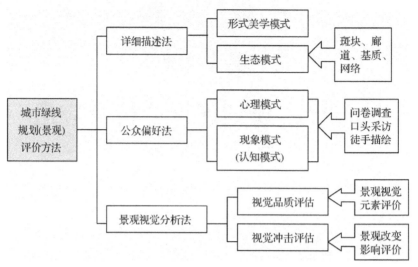

图 7.1　城市绿线规划(景观)评价方法框架图

释，另一种假设认为景观的美源自景观的构成元素及其物理特性，它既依托于观察者，又依托于被观察者。

7.1.1.1　形式美学模式

形式美学模式的理论立足点在于美学价值是抽象景观对象所固有的，即美学特质存在于景观的属性中，这种美涉及基本形体、线条、色彩、肌理及它们之间的结构关系(图 7.3)。在该评价模式中，城市绿地实质景观可以分为自然因素景观与人工因素景观。其中，自然因素景观可以分为地形与地势、水岸形态、山岳形态及风景区形态；人工因素景观包括城市公共空间形态、建筑形态、街道设施及夜景形象等。

以上这些要素在评价过程中，需要进行详细分类及描述性工作。譬如，肌理，一直是和观察的距离层次有关的，从宏观角度来看，城市结构就是一个肌理层次；从微观层次来看，绿地植栽配置构成也是一个肌理层次，无论从哪一个层次观察，都要对构成肌理的基本形进行研究。形式美学模式就是根据形式要素的结构关系及其完整性或其他形式关系特征而将其归纳为各个类别，再加以研究。

形式美学模式研究的重点在于发掘出都市中一些相对固定的东西，这是一些周期变化不明显的能起统一作用的点，依靠这些点，人们才能对一些相对短暂或不连续的东西(如住宅等)进行评价，城市景观的美应能反映出对象恰如其分的循环变化。与之对应，特定地域标志和具有象征意义的或投资巨大具有重要意义的绿地和开放空间，可以看做是相对固定的东西。

由于这种方法要求使用者受过正规的专业训练，采用此法的多为专业人士，特别是当选择与经济因素无关时，其自由选择更多地会受到纯美学方面的影响。然而形式美学评价模式又存在一些纯美学的不确定性，所以很难把这种评价方法与一些经济及社会发展的过程衡量标准联系起来，景观设计师与非景观设计师的美学目标与标准常常彼此大相径庭。因此，使用这种方法衡量其他社会价值及有关的景观质量将受到极大的限制，这类模型就社会性和可靠性这两个基本标准来说，存在一定的不足。

7.1.1.2 生态模式

生态问题是城市绿地建设与景观环境发展的核心问题之一。在生态评价模式中，与景观质量相关的环境特征主要可分为生物特征和生态特征。其中生物特征是指动植物种类、活动范围及其发展过程；生态特征则是指都市规模（人口数量及密度）、大气环境、水环境、环境噪声等。

生态评价模式按照景观生态学（landscape ecology）理论原理把景观结构（landscape structure）的基本元素分为斑块（patches）、廊道（corridors）、基质（matrix）和网络（network）四种模式。斑块是构成景观重要部分的块状区域，如园林绿地是城市景观中"斑块"的主要类型，是相对自然的成分；另外，生态工业区、生态居住区、自然生态保护区都可以看做是都市景观中的斑块。廊道是串联各斑块的带状区域，道路是典型的廊

图7.2 厦门筼筜湖区红树林，良好的生态景观

道类型，具有明显的人工特性。主要斑块集合构成景观结构的基质。斑块、廊道、基质之间复杂的相互联系形成网络。

在区域范围内，城市是一个典型的人工斑块；在较小的尺度上，它本身又是一个景观单元。前者可以通过城市斑块的面积、形状、岸线、发育程度分析评价城市成长的规律、边缘效应及其发展趋势；后者，则可通过景观要素的结构和功能的一致性以及景观要素之间的相互关系来分析城市绿地系统，并进行具体评价工作。

生态模式设计是为了优化自然环境资源，将其合理配置与发展，从而达到完善城市景观的作用。在区分自然环境资源与次生环境资源时，此类评价模式很敏感，但在比较都市环境的其他要素时其敏感度就不甚理想了。如果面临城市规划中改变或不改变自然环境的选择时，生态评价模式将倾向于不改变环境。图7.2是厦门筼筜湖区的红树林景观，当地政府为恢复该地区的红树林花费巨大，若当初进行环境生态评价，就不会出现"从破坏到恢复"的尴尬历程。

生态模式隐含的一个主要的假定就是景观质量与自然及次生自然环境系统的完整性是休戚相关的，生态评价模式寻求的是自然、生物、人类的和谐共生，只有和谐发展，才能保持良好的都市景观的运作。可以运用以景观生态模型为基础的评价方法，从生物、物理、人类使用等多角度来定义某一特定景观的独特性，它所反映的美学价值是生态标准的基本功能之一。

7.1.2 公众偏好法

人们对公共绿地空间环境保护的关注，推动了以公众参与为基础的景观评价的发

展,从逻辑上来说,景观质量最现实的意见应来自于普通民众。城市景观的视觉质量是以观察者对景观的个人喜好为基础来评判的。其精髓是对景观的总体综合评判,而不同于量化方法用景观元素的定量变化解释景观质量的变化。

问卷调查和口头采访,是为了取得各种人群对景观喜好的样本而经常采用的非量化方法,这些方法能在很短时间内获取宝贵的信息。除了问卷调查,还可使用照片、记录、徒手描绘等视觉辅助手段来帮助进行评价。

7.1.2.1 心理模式

心理模式指访问或观赏景观的人们的心情和感受。而心理评价模式的重点是评价对象及其预测框架的建立。心理模型研究的一个主要方法就是通过照片来确认相关的心理变量,其方法是在景观记录的基础上,确定研究对象,然后从景观的生动性(vividness)、复杂性(variety)、独特性(uniqueness)、自然完整性(intactness)和统一性(unity)五大标准进行评价。每项评价都根据先期预设的标准(所谓专家的美丑判断)将对象归入高品质到低品质的排序中,最终可根据每项的实际重要程度进行加权打分。

旧金山都市景观规划的方法是根据预先制定的标准,对比观察者的心理喜好程度对都市景观质量进行分类。他们确定了十项都市景观预测目标:舒适(指用街道小品、植物、路面设计等来调整人的心理舒适度);视觉趣味(增加空间交叉点的视觉愉悦感);活动(关注各项活动景观,重新认识街道生活);清晰与便利(完善外部空间的形状与形式,增进清晰性与愉悦感);独特性(增强景观个性);空间的确定性(外部空间的形状与形式);视觉标准("悦人的景观",夜间形象及人在都市环境中的进入感与方位感);多样性与对比(建筑风格和布局);协调性(地形特征、树林配置及景色转换);尺度和格局等。

由于心理模式运用多个观察者对每个被评价的景观产生一个或多个价值评价,此类方法把使用景观者或体验景观者的反映和判断作为评价的基础,具有相当的可靠性和敏感性。但是,缺乏与客观环境的明确联系,使心理模式评价景观进入一个相对的反应封闭圈,即对于景观的心理反应只能用其他心理反应来解释。"从实践的角度来看,心理评价模式使景观管理者的双脚悬挂于半空之中"[1]。

7.1.2.2 现象模式(认知模式)

现象评价模式更加强调了个人的主观感情、期望和理解。景观认知被定义为个人与环境之间的体验与接触,该模式探究的是,人类由景观刺激而引发的知觉审美观念如何受人的态度(情感满意程度或精神状态)和价值的影响。这是一种借助于知觉心理学和格式塔心理学的都市景观评价方法,其分析结果直接建立在居民对城市绿地空间形态和认知图示综合的基础上。E.鲍丁(E. Bordin)认为所有行为都依赖于意象,意象可定义为个人的、组织化的、关于自己和世界的主观认识,而意象的心理合成与"认知地图"(Cognitive Map)密切相关。K.林奇指出都市空间结构不只是凭客观物质形象与标准,而且要凭人的主观感受,他提到研究城市空间的方法有三种[2]:徒手描绘都市意象与简要地图;详细的个人访谈或问卷调查;做简单的模型。认知意象对城市空间提出两个基本要求，即易识别性（legibility）和可意象性（imaginability）。前者是后者的保证，但并非所有易识别性的环境都可导致可意象性。可意象性作为都市空间评价标准，它不但要求城市景观脉络清晰，个性突出，而且应为不同层次，不同个性的人所接受。

现象评价模式为了获取高敏感性而不惜牺牲可靠性，通过强调极个人的、体验的和感情的因素，建立景观的视觉特性与景观体验之间极其密切的关系。该模式代表了对于相关景观特征的极端主观性评判，而没有在心理反应和景观特征之间建立起系统的关系。大多数现象模式的文献主要研究次生自然景观与人文景观或对于环境影响的认知，只有很小一部分研究评价自然景观。

图7.3　厦门筼筜湖片区良好的视觉景观

运用此类评价方法往往会有许多困难。困难之一是信息的掌握，难在收集基础材料并将它们变成有用的信息，以提供给规划师和决策者以及与此有关的全体民众。为了避免走弯路，应当认真选择调查地点和时间，并且应当避免大量受调查者不作答复的情况出现[3]。研究表明：观察者的个性，观察位置，观察时间长短，景观的物理特征类型、元素及其复杂性动态状况，都会影响到观察的结果。其仍有两处不足，一是以照片为基础的评价是否能反映生态的真实性和有效性，因为现场的情况毕竟有可能不同于照片所反映的情况；二是此类方法还会带来一些问题，即心理基础的不确定性，非量化结果是否有效，是否能真实地代表社会公众的观点，这些都要进行广泛的、长期的调查。

7.1.3　景观视觉分析方法

视觉分析有助于确定适合城市发展的地理区域，其讨论是从大尺度到小尺度的。在美国，视觉分析方法用于新城镇的开发；在其他国家地区，视觉分析则是用来作为城市发展适宜性评估的一部分[4]。其应用涉及颇广，主要如下。

首先，该方法可用于城市中新交通干线的配置设计或对现有交通干线的分析应用，大多数城市景观分析的工作都是从此出发。

其次，可用于评估地区及邻里的视觉品质与历史地区保护，或是重塑已失去景观品质的市镇或滨河区风貌，其中有一项重要的工作就是兼顾民众的态度。

另一种应用是控制用地会产生环境视觉问题，土地混合使用问题中的最典型案例是那些景观视线杂乱无序并有交通安全问题的商业区。

最后是针对城市绿地环境中特殊结构的配置与设计，协调其尺度与材质，以免造成过分对比，并避免如视觉障碍、阴影等实质影响的产生。以上应用几乎涵盖城市绿地环境建设的各个层次内容，主要涉及视觉品质与视觉冲击的评价，同时需有相应的视觉评估方法模式。

7.1.3.1 城市视觉研究程序

公众参与能够保证环境品质，但也应有针对实质现象的专家评估，如阴影、光照等。一方面，历史或文化意义丰富的城市环境，须从认知模式角度探讨其城市景观的背景内

图7.4 厦门筼筜湖鸟瞰——白鹭洲

涵。另一方面，富有多种知觉属性的环境，如观察者的体验、视觉移动、嗅觉、水声、特殊的触觉等，须运用经验模式加以探讨(图7.4)。

在城市景观研究中较合适的是专家评估法结合其他任一项评估方法(如心理环境、认知或经验模式)，特别是在描述及评估方面应包括城市绿地景观的预测评估。

7.1.3.2 视觉品质评估——景观视觉元素评价

景观品质评估的基本概念强调的是使用者或观察者敏感度的需求，除了实质特征外，必须明确过去的使用情况及未来的规划目标。景观视觉品质评估方法主要有三种，即调查及问卷、知觉偏好评估及行为观测三种方法。

◇调查及问卷方法在涉及评估意见、公众知觉及复杂的经营管理课题时是非常受欢迎的。但由于调查及问卷的组成与分配容易作假且需筛选可用信息，如何正确使用调查与问卷法是值得思考的问题之一。

◇知觉偏好评估的目的是更直接的评估环境品质，参与者观看景观照片或录像后，指出他们的景观偏好范围。该评估法与景观实质特征有着更为直接的关系。

◇行为观测是直接观察人的行为活动，其更具效力，对于公众行为的记录可以作为人在特殊景观环境中行为指标。

7.1.3.3 视觉冲击评估——景观改变影响评价

视觉冲击评估是城市绿线规划方案评价的重要一环，重点是绿线规划方案或绿地空间形态对使用者的影响。从规划方案中直接获得公众知觉方面的资料主要包括以下步骤[4]：

◇定义规划方案的视觉特质。

◇定义规划方案的视觉环境。

◇确定替选方案的视觉冲击。

◇评估这些视觉冲击。

◇找出缓和严重不良冲击的途径。

视觉冲击的评估并没有一种通用的模式，也不能简化成一个简单的公式，它必须是前面提到的各种形式视觉冲击的通盘考虑。

以上诸多不同侧面与不同角度的城市景观评价,其更多的意义在于对城市绿线规划的评估工作提供了较为全面的方法论,并从理论上提供了景观评价多样性的可能,为实践中的绿线规划提供了指导原则。下面结合厦门市中心行政区城市绿线规划的实例分析与规划实践,对城市绿地规划做详细介绍。

7.2 城市绿线规划中的景观标度与有序性评价(厦门市筼筜湖地区)

7.2.1 扰变与生态变迁

城市景观标度是从时间与空间两个层面的视角出发,对城市景观和生态环境发展进行描述和认识,并指出决定城市景观变迁现象与行为的基本行制。景观标度虽不能精确预测城市绿地发展进程,但无疑它是研究并揭示城市绿地发展机制的重要线索之一。在城市景观标度中对扰变的研究有着重要的生态意义。

扰变(disturbance)是深入理解城市绿线规划景观标度中生态变迁的重要概念之一[5]。扰变是一种破坏生态系统、群落或种群结构的相对不连续的事件,它不仅改变了资源等物质环境,也影响着地区景观环境的变迁。扰变对某一地区的影响可以通过它们的破坏程度、发生频率、持续时间、空间规模以及与生物系统的相互作用等一系列因子来描述。同时,扰变在生态系统的形成过程也起着重要作用,它会在植物不同演化过程中产生一系列的时空缺变,这为物种的再生或变异提供了空间,空间上的斑块分布是非永久栖地中大多数植物分布的重要特征之一,并有可能比其他环境因素更有利于形成物种丰富度。物种分布状态是物种自身的生命历史特性和控制其分布的生态进程时空结构之间相互作用的结果,在不断的演化交替过程中,地区历史环境和扰变强度的变化会带来地方物种构成和丰富度的持续动态变化。

因此,可以说在城市绿线规划的景观特性标度中,扰变影响着其时间与空间的双重标度,它看似无序,实则带来更为有序的控制形态,其中空间标度以生态斑块分布的"有序"变化为主,时间标度集中反映在绿地历史演化的"有序"与"无序"变化上,二者之中时间标度是更为主要的因素,把握到城市绿地发展的时间标度就能更好地对城市绿地形态进行有序地控制。

7.2.2 人为与自然扰变因素对筼筜湖地区的影响

厦门市筼筜湖原为筼筜港,港湾南部在浮屿、厦禾路—码头之滨,北部在狐尾山麓,东端在江头,周边山清水秀,历史文化积淀非常丰富。其景观形成是一个海湾型的湖泊演化过程(图7.5),主要表现为水体面积越来越小,海湾与海水的分隔越来越明显且水质交换过程趋缓。20世纪30年代筼筜港水面面积曾达到15 km^2,到50年代港湾面积约10 km^2,70年代初为围海造田修建了西堤,水域面积急剧缩小,最终形成面积减少至2.2 km^{2}的筼筜湖(1988年数据,其中包括约1.0 km^{2}的滩地)[6]。在这一系列变化过程中，1970年前后的湖区环境人为改造带来了极具突变性的景观对比，使得该地区绿地景观建设与城市发展一度处于一种无序的失控状态；绿地边界形态分维数大致从1.75降低到1.68(见第4章相关内容)，其与自然水系维数(约1.7)[7]相比有所减少，该结果显示筼筜湖区的水域边界与绿地形态的发展并不符合城市绿地系统自组织优化的特性，景观丰富度有所降低，人类影响已经使城市绿地与景观建设偏离了有序发展的可能。当年名列厦门二十四景之首的"筼筜渔火"景观已不复存在。

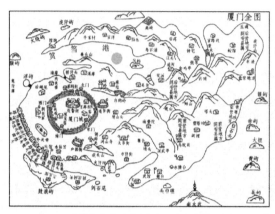
清道光十九年(1839年)厦门

1990年厦门市全图

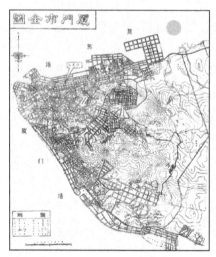
1931年厦门市区规划图

1963年厦门岛地图

图7.5 筼筜湖演化过程图

人类对筼筜湖(港)地区自然生态系统的影响由来已久，在近30年以前很难真正分清楚自然与人为扰变各自单独的影响，尤其是考虑到景观特性大多依据时空标度而来。以原生红树林为例，在其处于自然状态的演化进程中，人类活动在几十年内就改变了它的动力学特性，该地区红树林面积从1979年107 hm^2到1998年仅存53 hm^2，作为湖区湿地的初级生产者，红树林面积的减少必导致其他植被和动物数量的降低。社会系统与生态系统共同形成一个持续变化的单元，各类时空标度交织于其中，虽然如今人类活动占据着主导地位，但湖中仅留的红树林保护区会继续保持生态变迁的动力学机制。

潮水水位的波动是影响该地区植被生态特性的重要自然扰变因素之一。筼筜湖属半封闭式的咸水泻湖，其原先的生物种类众多，生物量大。潮水周期性的涨落对于植物个体来说也许是致命的，但就种群而言，水位涨落可以为植物群集生长创造新的适合的栖息地并带来了营养物质，如果人类的活动影响到潮水对湖区的洪泛作用，对某些地方原生植物尤其是嗜盐性湿地植物来说，必会导致其物种在该地区的消失。

但是自20世纪70年代初以来，在经历从围垦造田到填海扩地的人工改造后，水域面积急剧减少，水体污染日益加重，岸线的变化使得筼筜湖片区绿地形态趋于简单，绿地边界分维数降低，这些均直接影响了该地区的景观质量与环境质量，人为因素带来的变化要比自然扰变造成的变化更为直接迅速，集中表现为污染物排放、淤积和围垦等数方面。

工业行为带来了新的扰变类型，并造成地方与区域景观两个层次的变化，其排放的污染物虽然会带来地方性的环境变化(如水质变化、湖底淤积等)，大气污染会影响到更远的城区。不到 $2~km^2$ 的水面却要接纳 $37~km^2$ 面积的汇水和 20 多万人旧城的一大半污水，筼筜湖水体受到严重污染，水质迅速恶化，原有的生物种群数也急剧下降。到 2001 年每天仍有约 5 万 m^3 的污水排入湖中，有必要进一步提高整个流域的污水截流率，并确保湖区截污系统的正常运行。

筼筜湖上游山体由于采石等原因遭受破坏，导致水土流失严重，再加上湖区四周城市建设废土进入湖区，致使湖区淤积情况加重，淤泥中重金属、氮磷含量较高。湖区的淤积既造成防洪库容大量减少，威胁城市防汛安全，又造成湖水二次污染。

同样，对筼筜湖地区生态环境影响最大的人类行为是围垦养殖和填海扩地。每一片圈网养殖的区域都会因地表抬升和沉积作用造成水位的降低和水质的下降，这些因素使湖区及周边海湾富营养化速率加快，最终影响到水生植物与沿湖植被的构成和数量。当然，针对填海造地不可能把已填的土地再回挖扩湖，而应当根据现有条件扩大绿地面积，加大红树林的种植区域，增加生物多样性，保证该地区生态系统与景观结构的恢复。

近 30 年的围垦造地使得当初的筼筜港直接地变成了水质极差的筼筜湖，整个湖区的水体形态与水系结构发生了重大变化，地方植物种类锐减，人类活动造成生态系统大规模的改变(图7.6、图7.7)。一旦某块栖息地遭到破坏，就需要花上很长时间(甚至上百年)才能恢复到其最原始或较早期的状态，虽然单个地块的围垦造地对地区的植被影响有限，但现代化的农业与工业发展历程已经证明，工业化会使一个地区出现少数植物种类占优势地位，造成地区单一植物群落现象，这一脆弱的生态系统结构，与生物多样性的发展要求相违背。

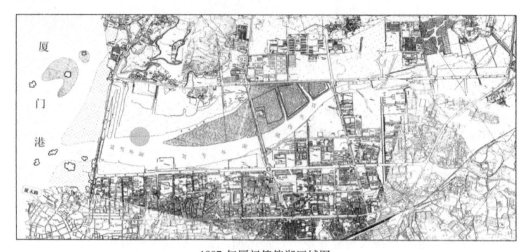

1987年厦门筼筜湖区域图
图7.6　筼筜湖图1987年(参考文献[6])

2001年厦门筼筜湖区域图
图7.7　筼筜湖图2001年(航拍)

7.2.3　筼筜湖区景观整治的评价与建议

以上部分地应用生态模式的详细描述法加以评价，结合景观改变影响评估的景观视觉分析法，可以发现筼筜湖地区虽然有着良好的历史文化与自然景观积淀，但数十年来的人为影响与破坏已造成湖区生态环境的恶化与景观品质的下降。

好在近10年来厦门政府意识到了过度开发带来的重大生态危害，在把筼筜湖地区确定为城市新的行政金融中心后，开始还湖区以自然生态风貌，有效控制和保证潮水的涨落，在湖区周围划出大面积的区域作为城市绿地与生态保护区域，有目的的引种适地植物、丰富植物种类多样性，保护原生植物的生长环境，把该地区重新定位为城市行政与旅游休闲中心区域。

就保护而言，应当改变早先根据地方行政区划而非栖地形态划定边界的现状，实际上自然保护区的边界亦应当依循栖地的自然边界，尤其是在近海湾区域这类地区，保护区的边界更应与地区自然环境的快速演化进程保持一致。

相关建议：①增建绿地。沿岸加大绿化，进一步丰富植物种类。②夜景工程。进行湖区及其周边灯光形象规划设计，美化城区夜景。③搞活水体。修建导流堤，引潮入湖，改善湖水水质，开展水体生态修复工程。④截污处理。控制污染源，沿湖修建污水处理厂，完善污水截流管道的修建。⑤清淤筑岸。加强周围山体水土保持功能，清挖湖底淤泥，扩大湖库容。⑥恢复湿地。扩大红树林种植面积，恢复生物多样性。具体涉及城市绿线规划内容见下节7.3。

相信通过一系列的绿地建设、景观维护、水环境治理、城市管理及宣传教育等方面的规划控制，使该地区经历从"筼筜渔火"到景观失控，再到"筼筜夜色"的有序景观发展变迁，还厦门一个清新自然的筼筜湖。

7.3　厦门市筼筜湖片区绿线规划

厦门市筼筜湖片区是厦门市政府所在地（图7.8），是厦门市展示城市风貌形象的窗口地带之一，与中山路、鼓浪屿同为最具厦门特色的城市景观环境建设区域。为一进步提高筼筜湖片区的绿地景观形象，更好地体现该地区行政金融、旅游休闲中心的地位，2002年同济大学与厦门市城市规划设计研究院共同编制完成了厦门市城市绿地系统总体规划，其中重点内容之一就是完成筼筜湖片区绿线规划，使之成为高品位、高规格的城市绿地规划设计。

图7.8　筼筜湖区位图

7.3.1　总则

7.3.1.1　目的

为了更好地执行《厦门市城市绿地系统规划》、严格实行城市"绿线"管理制度，对绿地进行全面的"定量、定性、定位、定界"，并在充分保障现有绿化成果的基础上，完善筼筜湖片区的绿化系统结构，强化该片区的滨水绿化之空间共享和旅游休闲功能，形成富有厦门地方特色的绿化景观。

7.3.1.2　适用范围

该规划筼筜湖片区的范围为：湖滨北路以南、湖滨南路以北、西起西堤海边、东至湖滨东路，总规划面积为426.36 hm²的城市中心区。

在筼筜湖片区从事各项城市规划编制，进行规划管理和开展与城市规划有关的一切开发建设活动，均应执行该项规划。若确实需要对该规划进行重大变更时，必须按原审批程序进行。

7.3.1.3 规划原则

在对筼筜湖片区进行以上景观评价分析后，制定了如下规划原则：

◇"滨水空间共享"原则。筼筜湖片区主要以水空间为特色，应尽可能地把滨水空间共享于市民，也是"以人为本"原则的具体体现。

◇"强化城市轴线"原则。筼筜湖片区位于厦门岛城市中心区，处于东西向景观轴上，规划必须控制出景观视廊。

◇"绿轴（廊）渗透"的原则。筼筜湖片区东西向有筼筜湖及公园绿地贯穿其中，规划宜有南北向绿轴（廊）与其相互渗透。

◇"景观资源优化"的原则。筼筜湖片区已基本形成了以水空间为中心，以山海为背景，山水城交融的空间景观环境，规划重点应对其景观资源进行最合理、有效的优化。

以上原则均体现出"生态优先，人本优先，规划优先"的城市绿线规划理念，并各有针对性。

7.3.2 绿地地块划分与规划控制体系

7.3.2.1 绿地地块划分

筼筜湖片区绿地系统控制性详细规划在其规划用地范围内划分为4片区共计51个绿地地块，作为绿地规划控制的基本地块。在绿地规划建设时可根据具体情况对地块进行合并或再划分，但变化后的绿地地块控制指标必须与原控制指标相符合并服从相关规定。

7.3.2.2 绿地规划控制体系

该绿地规划的控制体系分为绿地开发控制指标和绿地规划设计要求两个方面。

绿地开发控制指标必须遵照执行，包括绿地性质、绿化率、最大游人量、主要出入口等；绿地规划设计要求可参照执行，包括绿地种植类型与乔灌比、绿化形式、绿地主要功能、景观及环境的引导等。

绿地地块开发的规划控制均直接反映在地块控制图则上。图则以图、文、表对照的形式对每个绿地地块的规划要求和规划控制指标等加以表明。图则中图纸比例采用1:2000。

7.3.3 规划目标与绿地控制规模

7.3.3.1 规划目标

通过优化和完善筼筜湖片区的绿地系统结构，提高绿地的各项指标；丰富植物种类多样性，全面增加绿地的绿量；高品位、高规格的绿地规划设计；把筼筜湖片区建设成以水空间为中心，以山海为背景，山、水、城交融的白鹭腾飞、鱼翔浅底、适于人居的、最能体现厦门地方特色的城市旅游、休闲中心区。

7.3.3.2 绿地控制规模

筼筜湖片区规划总用地 426.36 hm^2，规划绿地面积 111.72 hm^2，绿地率为 26.2%（不含居住小区级以下绿地、单位附属绿地和道路绿地）。

7.3.4 规划绿地结构

根据厦门市城市总体规划、城市绿地系统总体规划及筼筜湖片区的用地特点，确定本区片绿地系统的结构为"一核、五区、多廊、多点"（图 7.9）。

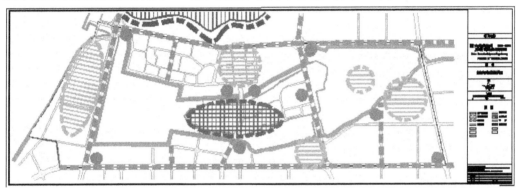

图 7.9 筼筜湖片区规划绿地系统结构图

(1)"一核"

以白鹭洲喷泉广场、白鹭洲公园为核心的筼筜湖片区绿化景观中心。白鹭洲喷泉广场、白鹭洲公园，无论从其区位、规模、品位、景观层次、游客容量等，在整个片区乃至全市来讲，其核心地位都是显而易见的。

(2)"五区"

以公园、广场为主形成的绿化景观区。"五区"分别为：

◇西堤公园区位于筼筜湖片区西部，以观海、休闲为主的综合性公园。

◇会堂广场绿化区位于本片区的中北部，以植物图案景观及色彩变化为特色的开敞式绿地。

◇嘉禾公园区位于本片区中南部，以纯休闲、观景为主的区级开敞式绿地。

◇南湖公园区位于本片区的东部，以自然、传统、休闲为风格的开敞式绿地。

◇湖心岛生态公园区位于筼筜内湖的中心，以双拥模范城雕塑为主景，适宜白鹭栖息的纯景观生态型公园。

(3)"多廊"

指由主干道及南北向渗透绿轴（廊）形成的多廊道绿带。主要有湖滨南—北路廊道，湖滨中—西路廊道，市府大道廊道及几条南北向渗透的街坊绿廊。

(4)"多点"

指居民使用效率最高的分布于各街头的街头绿地。该片区共有9处分布较合适、均匀的街旁绿地。

总之，箟笃湖片区的绿地系统结构点、线、面结合，突出功能、景观与生态的三元结合，满足使用、环保与审美多方面的要求。

7.3.5 绿地开发控制指标

7.3.5.1 绿地分类与代码

根据不同的功能要求，城市绿地有不同的分类方法，规划以《城市绿地系统规划编制技术纲要》内的绿地分类为依据，进行绿地分类细划（由于编制时间的原因，本次规划未能按《城市绿地分类标准》进行绿地分类）。

地块大小的确定一是依据箟笃湖片区的开发能力，及有利于分期、分批建设要求，二是根据绿地的使用要求及绿地的服务范围。根据绿地不同的使用功能、建设规模等，现将规划区内所有绿地分为以下几种不同的性质类别：

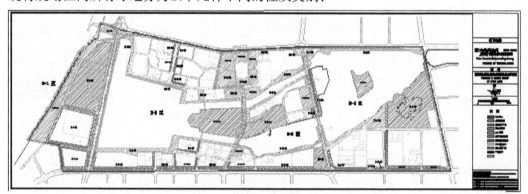

图7.10 箟笃湖片区绿地性质及地块编号图

(1)公园

性质代码为G_{11}。是居民休闲、娱乐、健身、游玩、科普等各种活动的重要场所。依面积大小可分为市级、区级、居住区级公园。市级公园面积一般宜10 hm^2以上，为全市服务，兼顾邻近地区；区级公园面积宜为5~10 hm^2，服务半径宜为1000~1500 m，可进行半天以上活动；居住区级公园面积宜为2~5 hm^2，服务半径宜500~750 m。公园是城市主要的绿化中心，其绿化率一般不应小于65%。

(2)街头小游园

性质代码为G_{12}。是以绿化为主的小型游憩场所，主要分布于街头，或间插于沿街商业带中，结合街道与边角建设用地设置，面积一般不宜少于400 m^2，绿化率一般不应少于65%，服务半径宜为250~500 m。

(3)沿道路绿地

性质代码G_{13}。一般沿道路，呈长条状形态分布，绿化率应为80%以上；宽度应大于 8 m，可设置少量休闲设施；以景观性树种、植被为主的带状绿地。

（4）滨水绿地

性质代码为 G_{14}。沿河、湖、海等水域边缘，呈带状或长条状，供市民共享的公共休闲、观景绿地，绿化率不应小于65%。

（5）绿化广场

性质代码为 G_{15}。一般面积宜大于 2000 m^2，可容纳 80 人以上，绿化率应大于50%，大多选址于景观轴线结合处，供人们进行各种休闲活动的开放型绿地，规划将其列为绿化休闲广场。

7.3.5.2 绿地开发控制细则

（1）用地控制

用地控制是指对绿地位置、性质、面积、兼容范围、主要出入口性质等方面做出规定。根据每块绿化用地所担负的不同绿地功能，划分为不同性质的绿地类型，如公园、街头小游园、沿道路绿地、绿化广场、防护绿地等。各地块控制细则详见表7.1。

表7.1 E地块绿地开发控制指标一览表

地块编号	绿地代码	绿地性质	绿地面积（m^2）	绿地率（%）	绿地游人容量（高峰小时）	主要出入口方位 东	南	西	北	备注
E-1-01	G14	滨水绿地	59482	≥70	1980	●				滨水休闲场所，要求结合西堤公园整体设计，可设一些服务、休息、及观景、景观设施
E-1-02	G14	滨水绿地	8371	≥80	140				●	要求结合半立交桥及滨水区位整体设计，可设一些休息、观景及景观设施，如：座椅、雕塑等
E-1-03	G11	综合性公园	163305	≥75	2720	●		●		西堤公园横穿城市中心区东西向空间景观序列轴，以观海、休闲为主的综合性公园，要求其控制出视线景观通廊，且设置540个停车位
E-1-04	G13	沿道路绿地	27351	≥90	/					
E-1-05	G13	沿道路绿地	11689	≥90	/					结合信隆城整体环境设计，局部可设置铺地
E-2-01	G14	滨水绿地	6917	≥80	115	●				滨水休闲场所，要求结合筼筜湖入水口进行设计，可设一些休息、观景设施
E-2-02	G14	滨水绿地	28743	≥80	480			●		滨水休闲场所，要求结合筼筜湖周边环境整体设计，可设一些休息、观景、景观及卫生设施
E-2-03	G12	街头小游园	5044	≥90	85		●	●		为街头绿地及休闲场所，设一些简单的休息、卫生设施，如：座椅、垃圾桶
下略	…	…	…	…	…	…	…	…	…	…

◇绿地性质与兼容

各地块绿地性质是由用地区位、整体用地布局结构、交通组织、现状用地等因素综合确定的，受到该片区社会经济发展以及城市生活活动需求的制约。在确保该片区规划目标和环境标准条件下，因建设发展需要，经规划、园林主管部门批准，绿地使用性质可有条件调整，但应符合以下规定：

①绿地性质的调整，原则上在绿地的不同性质内进行；

②绿地性质的调整，应符合绿地的兼容性要求。

绿地的兼容范围应限于广场用地（S_2）、社会停车场库用地（S_3）及市政公用设施用地（U）。绿地确需在兼容范围内改变性质的，须由规划、园林主管部门根据周边基础设施条件及调整后该用地对周围环境影响，核定具体的兼容适建范围。

◇绿地面积

绿线是指用以界定绿地范围的界线。一旦确定，就与红线具有同等的法律效应，任何单位、个人不得占用、征用与损毁，不得改作或用变相方式改作他用。本规划参照《城市绿线管理办法草稿》，结合规划道路红线、土地利用批租线、土地利用现状等多方面因素来确定绿线的范围。各地块绿线的定位见"绿线定位图"。

绿地面积是指由绿线围合而成的水平投影面积，是规划地块细化后绿地性质明确的地块面积。各绿地地块面积详见表7.1。

◇主要出入口方位

主要出入口主要设置在人流较密集的地方，其入口离主干路交叉口不应小于70 m，离次干路交叉口不应小于50 m，且出入口相互间距在主干道上不应小于10 m；在次干路上不应小于7 m。

（2）容量控制

容量控制是为了保证良好的绿地环境质量，按照绿地建设用地的人造绿量及所能容纳游人量，对土地的开发做出合理的控制与导引，其控制指标包括绿地率、游人容量。

◇绿地率

绿地率是指规划绿地地块中，绿化用地（即用于栽植树木、花草和布置园艺、水面等的用地）面积与该绿地地块总面积之比。规划范围内各绿地地块绿化率指标必须按照表7.1的有关规定控制，绿地率为下限指标，绿地率不应低于绿地率指标的规定值。

◇绿地游人量

绿地游人容量是指游览旺季高峰小时内，绿地所能容纳游人的最大值，可通过计算得出。其计算方式是——将某一地块的总面积除以该地块的人均绿地占有面积（每一块绿地根据其性质及不同的区位，拥有不一样的人均绿地占有面积，一般宜在30～60 m^2/人）。

7.3.5.3 绿地设计导引

（1）绿地功能

每块绿地在城市中都有其主要功能，通过对每块绿地主要功能的定位，从而决定其绿化形式和绿地种植类型及乔灌比。

绿地的主要功能分为以下三种：

◇生态功能：一般的绿地都具备净化大气污染，提高空气质量的生态功能。在所有的绿地中，防护绿地的生态功能最为明显。

◇美学功能：是指绿地为城市提供景观效果，给人以美的感受的作用。在所有的绿地类型中，沿道路绿地的美学功能最为明显。

◇游憩功能：是指绿地为人们提供各种活动场所，供人们游玩、休憩的功能。防护绿地与沿道路绿地原则上不提供人们活动，其游憩功能较弱。公园、滨水绿地、广场、街头小游园、居住区绿地都以提供人们舒适的户外活动场所为主要功能。

（2）绿化形式

◇自然式：注重绿化形态与地形的结合，能有效地利用现状，因地制宜，营造亲切宜人的尺度感，并将自然风景引入城市中。一般街头小游园、居住区绿地与公园宜较多地采用这种种植形式。

◇规则式：是与自然式相对的一种绿地种植形态，以规则的几何图形为主要的绿化形式，能营造宏伟、深远的景观感受。一般城市广场、沿道路绿地和防护绿地宜较多地采用这种绿地种植形式。

◇大草坪：是一种平面二维的景观形态，视线遮挡率低，能营造宽广的景观感受，给人们创造舒适多样的交流空间。城市广场、公园宜较频繁地使用这种绿化种植形式。

◇疏林草坪：在大片的草坪上零星地点缀几棵景观性树种，容易形成景观标志，景观性强，因此在街头小游园、绿化广场等各种绿地宜较多地被使用。

◇密林：树间距较小，视线遮挡率高，有较强的隔离作用，还能形成较为私密的交流空间，一般防护绿地、公园会采用这种绿化种植形态。

◇混合式：以上五种绿化形式混合使用，有利于营造丰富立体的植物景观。较多地应用于公园、街头小游园等。

（3）绿地种植类型与乔灌比

①绿地种植类型

本规划将绿地种植类型独立列为一项绿地设计导引性指标，主要是为了对每块绿地内树种的配置做一个宏观的导引，使规划对于每一块绿地从性质、形态、功能、造价等方面有一个总体、宏观的定位。

◇公园无论从规模、面积、容量、功能上来讲，都是城市相对最大的绿地单位，这就决定了其绿地种植类型的多样性。它集合了乔木、灌木、草坪、花卉等形态各异、色彩丰富的植物。

对于街头小游园则导引为以灌木、草坪、花卉为主，乔木起点缀作用，且设计需考虑色相形态的变化。

◇考虑到带状景观的塑造与交通隔离,将沿道路的绿地导引为以乔木、灌木为主,在部分重点路段配以花卉的点缀。在设计时需要考虑树种色相与形态的变化,营造多样的景观感受。

◇滨水绿地则宜充分展示其亚热带的滨海景观特色,以阔叶乔木及棕榈科植物为主,辅以灌木、草坪、花卉。

◇对于绿化广场则将其导引为乔木、草坪为主,花卉、灌木点缀。考虑广场作为城市比较大型的人口集散地,会有相对比较多的硬地,所以景观上以景观树阵及草坪为主,辅以景观花带增加其色彩的变化。

②乔灌比

乔灌比表达的是较大的绿地地块中乔木与灌木在数量上的比例,每一种绿地根据其性质的不同,其乔灌比也不尽相同。

◇公园一般树种类型较多,乔木与灌木都会被普遍大量的使用,所以乔灌比一般宜在2:1~1:2;

◇街头小游园一般以自然式的绿化种植形态为主,乔木用以点缀的作用,所以乔木的比例相对较低,乔灌比一般宜为1:1~1:3;

◇沿道路绿地的乔灌比一般宜为1:2~1:10;

◇滨水绿地因其要起遮阴及景观功能,乔灌比一般宜为3:1~1:1;

◇绿化广场的乔灌比一般宜为3:1~1:1。

(4)其他

◇景观风格

在绿地地块的导引性指标中,景观风格的导引,有助于形成整个片区乃至整个城市井然有序的绿化风格,重点突出公园、广场等的不同绿化景观风格(表7.2)。

表7.2 E地块绿地开发指导性指标一览表

地块编号	绿地代码	绿地性质	绿地种植类型与乔灌比	绿化形式	绿地功能			备注(景观风格、卫生设施及其他绿化设施)
					生态	美学	游憩	
E-1-01	G14	滨水绿地	以乔木为主,辅以灌木,乔灌比2:1	自然式	●	●	●	展现亚热带滨海景观特色,适当设置休闲、卫生及灯光设施,如室外桌椅、垃圾桶、草坪灯等
E-1-02	G14	滨水绿地	以乔木为主,辅以灌木,乔灌比2:1	密林式	●		●	展现亚热带滨海景观特色,适当设置休闲、灯光设施,如室外桌椅、草坪灯等
E-1-03	G11	综合性公园	以乔木为主,辅以灌木及草坪,点缀棕榈科植物,乔灌比2:1	混合式	●		●	西堤公园的风格应是现代、欧化、大手比、图案化的景观生态园
E-1-04	G13	沿道路绿地	以乔木、灌木为主,辅以草坪、花卉,乔灌比1:5	规则式	●	●		可设置一些广告牌,标志物等,路灯高度不得低于8 m

(续)

地块编号	绿地代码	绿地性质	绿地种植类型与乔灌比	绿化形式	生态	美学	游憩	备注(景观风格、卫生设施及其他绿化设施)
E-1-05	G13	沿道路绿地	以乔木、灌木为主,辅以草坪、花卉,乔灌比1:5	规则式	●	●		可设置一些广告牌,标志物等,路灯高度不得低于8 m
E-2-01	G14	滨水绿地	以乔木为主,辅以灌木、草坪,点缀棕榈科植物,乔灌比3:1	密林式	●		●	展现亚热带滨海景观特色,适当设置休闲、卫生及灯光设施,如室外桌椅、垃圾桶、草坪灯等
E-2-02	G14	滨水绿地	以乔木为主,辅以灌木、草坪,点缀棕榈科植物,乔灌比3:1	密林式	●		●	展现亚热带滨海景观特色,适当设置休闲、卫生及灯光设施,如室外桌椅、垃圾桶、草坪灯等
E-2-03	G12	街头小游园	以灌木为主,辅以乔木、草坪、花卉,乔灌比1:2	自然式	●	●		适当设置休闲、卫生设施,如室外桌椅、垃圾桶等。
下略	…	…	…	…				…

◇卫生设施

规划绿地垃圾收集方式为生态型垃圾桶收集袋状垃圾(有机垃圾、无机垃圾、有害垃圾"三分开"),通过密封式垃圾车运至片区外部垃圾中转站并最终送到垃圾处理厂进行处理。垃圾收集桶服务半径宜为50~100 m,区片内主要道路宜按25~50 m设置一个,次干道和支路宜按每50~80 m设置一个。

规划在绿地内布置公厕不宜大于300 m的服务半径,在容量较大的绿地和主要的街道以及地段适当提高公厕的密度。公厕采用水冲式,选址尽量设在隐蔽处,使之对景观的影响程度减到最小,又容易寻找。在面积较大的公园内可设置化粪池,粪便经无害化处理后排入城市污水管网,送至污水处理厂进行处理。

7.3.6 树种规划

7.3.6.1 规划原则

该区的绿地规划在植物的配置上应遵循以下原则:

◇以乡土树种为主,适当引进外来树种,提高绿化植物的生物多样性。

◇充分发挥凤凰木、三角梅的市树、市花的作用,加强三角梅新品种的引种、培植。

◇尽量选择生态效益好、观赏价值高的植物种类。

◇优先选择抗逆性强、易于管理推广的植物种类。

◇速生树种与慢生树种相结合,反对过多采用大树进城的做法。

7.3.6.2 规划目标

按照适地适树原则,结合厦门城市园林绿化主要应用树种做出科学规划和特色设计，营造亚热带的城市园林绿化景观，促进城市环境的可持续发展。

7.3.6.3 树种的选择

考虑筼筜湖片区的重要区位，树种的选择在满足绿化功能要求的前提下，尤其要体现厦门的亚热带滨海景观特色，以棕榈科植物、大花乔木、花灌木等常绿植物为主。不同类型的城市绿地，一般具有不同的绿化树种。

◇行道树种（略）

◇庭院树种（略）

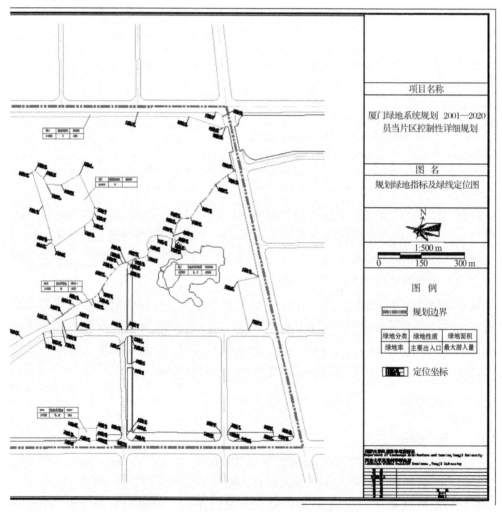

图7.11 筼筜湖片区绿地指标及绿线定位图

7.3.7 绿地景观规划

7.3.7.1 规划原则

◇片区的景观设计以"景观三元论"为大背景，突出形象、功能与环境三者的有机结合，创造宜人的现代化城市形态，体现筼筜湖片区蒸蒸日上、兴旺发展的城市风貌与城市内涵,树立标志性城市景观与其"窗口"形象。

◇显山露水,以狐尾山为背景,通过几条纵向的视觉通廊,将狐尾山景观引入区片内,再通过景观节点,与东西向的城市景观轴线及筼筜湖相融合,从整体上营造出由山体引伸出来的山、海、城相交融的现代景观结构。

◇发展城市文化特色,充分挖掘当地特色的景观资源,树立特色性、标志性景观序列,在增强当地市民的认同感、场所感和归属感的同时,给外来的游人留下深刻的印象。

◇以人为中心,极力创造具有宜人尺度的公共活动空间,营造景观感受的多样性。

7.3.7.2 轴线

本区片为多轴多区结构,山体的景观是通过南北向道路的景观轴线延伸到区片内的。主要是湖滨西路、白鹭洲路、湖滨中路;横向城市轴线主要是以筼筜外湖、白鹭洲公园、筼筜内湖共同形成,塑造出现代化大都市的中心区景观形象。

7.3.7.3 城市景观节点

节点在本区片景观规划中不但为居民提供一个舒适的活动场所,而且还起到了轴线枢纽的作用,它们将横向轴线与纵向轴线有机地联系起来,形成交织联通的网络状结构,覆盖于整个区片内,形成一体化的景观体系,节点大都位于横向轴线与纵向轴线交汇处附近,并且通过标志性景观进行视线导引,形成多层次绿地空间景观序列。本片区主要节点为白鹭洲喷泉广场。

7.3.7.4 人文景观

该规划设计力求贯彻"以人为本"的设计思想,尊重地方风貌和人文环境,创造满足人们生理、心理需求的城市环境。

城市人文活动景观包括市民休闲活动、商业购物活动、文化娱乐活动和体育健身活动等。设计中会充分考虑市民人文活动需要,以良好的空间环境作为市民活动的物质支持。

7.3.8 分期建设

规划区片内现状绿地总面积为 75.83 hm^2(不含居住小区级以下绿地、单位附属绿地和道路绿地),规划后绿地总面积为 111.72 hm^2,根据该片的区位条件、绿地景观现状及景观的重要性等具体情况,筼筜湖片区的绿地系统建设可分两期进行。

(1)近期(2002—2005 年)

近期改造绿地总面积为 12.08 hm^2,近期新建绿地总面积为 25.03 hm^2。近期绿地建设的主要目标是将部分现状绿地景观进一步改造完善,并建成西堤公园等绿地。

(2)中期(2005—2010 年)

中期绿地建设总面积为 10.87 hm^2,中期绿地建设的主要目标是建成沿海绿带、绿化广场,并完善整个片区的绿化景观,将筼筜湖片区建成代表厦门市现代化发展的生态型、景观型、人居型的"窗口"片区。

7.4　小结

本章在总结城市绿线规划景观评价分析方法的基础上，结合厦门市中心行政区筼筜湖片区城市绿线规划的实例分析与规划实践，对大城市的城市绿地系统绿线规划进行探索与介绍。

（感谢厦门市城市规划设计研究院蒋跃辉先生和杨开发先生为本章编写提供的帮助。）

参考文献

[1] T. Daniel, J. Vining. Methodological Issues in the Assessment of Landscape Quality. In: I. Altman and J. Wohlwill(Ed.), Behavior and the Natural Environment[M]. New York: Plenum Press, 1983: 39–84.

[2] K. 林奇. 城市意象[M]. 方益萍, 等, 译. 北京: 华夏出版社, 2001.

[3] 裘江, 裘晟. 机遇与变迁——甘肃省定西县历史文物保护和旅游资源开发策划与建议[J]. 小城镇建设, 2002, 29(4): 20–21.

[4] 刘滨谊, 姜允芳. 城市景观视觉分析评估与旧城区景观环境更新——以厦门市旧城区绿线控制规划为例[J]. 规划师, 2005(2): 45–47.

[5] S. T. Pickett, P. S. White. Patch dynamics: a synthesis. The Ecology of Natural Disturbance and Patch Dynamics[M]. New York: Academic Press, 1985.

[6] 卢昌义. 从筼筜港到筼筜湖[M]. 厦门: 厦门大学出版社, 2003.

[7] 陈彦光, 刘继生. 水系结构的分形和分维——Horton水系定律的模型重建及其参数分析[J]. 地球科学进展, 2001, 16(2): 179–183.

第 8 章
城市道路绿线规划

城市道路沿线的绿化景观日益成为各地展示城市自身特色景观的重要窗口，对塑造城市生态环境和景观形象也起着不小的作用。第 4 章中已讨论线性绿地空间是城市绿地系统中能量与用地组织的最优模式，就尺度而言，相对于大城市中心区绿线规划，城市道路绿线规划也是更为具体更为微观层面的绿线规划。本章尝试通过碳－氧平衡理论，探讨城市主干路沿线绿地量化研究，并结合城市具体情况与城市设计要求，提出既满足景观又符合生态要求的城市主干路沿线绿地控制标准。

8.1 城市道路绿线规划的特点

城市道路绿线规划主要是指在城市总体规划与绿地系统规划的不同阶段，确定不同级别城市道路位置时，根据道路性质确定相应的绿地率和绿线宽度，以保证道路及其两侧的绿化用地，减少绿化与市政公用设施的矛盾，提高城市道路绿化景观水平。城市道路绿线规划除应满足《城市道路绿化规划与设计规范（CJJ 75—97）》中的各种规范要求外，还具有以下一些特点。

（1）面、线、点的要求

城市道路沿线绿化景观系统就其道路绿地（包括后退道路红线绿地）本身来说无法形成系统，只有把城市道路绿地扩展到城市区域范围与其周边的"面状""线状""点状"各类绿地结合才能形成完整的点、线、面结合的，连贯的、有机的道路绿化景观系统。这对道路沿线的现状绿地调查与分析提出了更高的要求，同时应强化点－线－面相互渗透处的景观及视线功能，强化联系"面"之间的"线状"绿道的景观及生态功能。

（2）质与量的要求

要改善城市道路沿线的生态环境，就必须充分地利用能利用的绿地，尽可能地挖掘其潜力，最大限度地改善其沿线生态环境，即在不影响城市道路沿线绿化景观的条件下，向空间要绿色，增加绿量。"绿量"又称三维绿色生物量，指所有生长中植物茎叶所占据的空间体积，单位一般用 m^3。测定植物生态效益的一个极重要的指标是植物截获太阳光能的数量，这一量的转换是靠绿色面积量来完成的。绿量通过调查生长中的植物茎叶所占据空间的多少，来反映绿地生态功能水平的高低。绿量——这个新的绿化评估概念的提出，把绿化评价指标体系由二维扩充到三维，并能更确切地反映城市道路沿线绿地植物构成的合理性及生态效益水平。

（3）植物群落的观点

城市道路绿地中的人工植物群落应当是在城市环境中模拟自然并适合本地区自然地理条件，是结构配置合理、层次丰富、物种关系协调、景观自然和谐的园林植物群落。为了提高城市道路沿线绿地的生态效益，就必须选择那些与各种污染气体相对应的抗性强的树种和生态效益高的树种；为了群落化的需要就要选择耐阴性的树种。只有营造立体的、多层次的植物景观，才能保持生态的良性稳定，并真正起到美化城市景观环境的作用。

（4）城市设计的观点

城市道路绿地除了生态环境效益方面的要求外，还应当结合城市设计改善提高城市道路沿线的城市风貌形象和环境艺术质量。与城市道路绿线规划相结合的城市设计的内容不仅包括城市道路两侧建筑形式、体量、色彩等城市空间景观方面，还应包括对整体环境质量的考虑，即城市道路沿线绿化景观系统的建构应体现"显山露水"的原则，让城市道路沿线的山体、公园、水系、历史景点等自然文化景观能在道路绿地中有所展现，形成该路段独特的自然人文景观特征。

城市道路绿线规划框架图如图8.1。

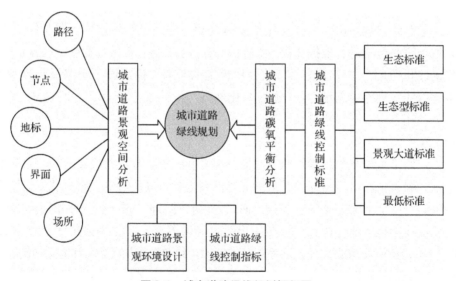

图8.1　城市道路绿线规划框架图

8.2 城市道路绿线的研究

8.2.1 城市道路的碳氧平衡分析

影响交通性的城市干道生态环境的主要因素是汽车尾气，其释放大量的CO_2和其他有害气体，危及人体健康和城市环境质量。只要规划足够的城市干道绿地，就能基本维持该城市干道范围内的碳氧平衡，达到营造良好城市干道沿线生态环境的目的[1]。本章以中等城市市区内任一条规划红线宽度 50 m、双向六车道的城市主干道为例，尝试运用碳氧平衡原理，进行城市主干路绿线的研究。

8.2.1.1 规划的城市主干路(50 m)交通量情况

在预测该市一条规划红线宽度 50 m、双向六车道的城市主干道交通量(2010 年)时，需假定一些基本数据：

①城市主干路设计车速一般为 40~60 km/h，设计车速取值 50 km/h；

②由道路中心至红线方向的单向三个车道的高峰小时最大流量分别为 1000 pcu/h、900 pcu/h、800 pcu/h，则该条城市主干路单向高峰小时最大流量为 2700 pcu/h；

③高峰小时交通量一般占全天交通量的 12%~15%，取值 15%；

则有，该条城市主干路全天的双向交通量为 36000 pcu。

8.2.1.2 规划的城市主干路(50 m)碳氧平衡分析

根据生态系统碳氧平衡原理，同时结合该城市主干路主要以机动车耗为主的实际情况，忽略步行人流及机动车内人流的呼吸耗氧，并以"年"为碳氧平衡计算周期，按下列公式(8.3)可计算得出：该城市主干路每侧需后退道路红线的绿带约为 112 m，即城市道路绿地控制线的"生态标准"。

$$S = \frac{A \times B \times L \times \rho \times \mu_1 \times T}{Kt_1} \tag{8.1}$$

$$L_1 = \frac{1}{2}(\frac{S}{L} - L_2) \tag{8.2}$$

由(8.1)式带入(8.2)式可得：

$$L_1 = \frac{1}{2}\left[\frac{(A \times B \times L \times \rho \times \mu_1 \times T)}{Kt_1} - L_2\right] \tag{8.3}$$

式中 S = 城市主干路(50 m)维持碳氧平衡所需的绿地面积(hm^2)；A = 该条城市主干路全天的双向交通量 = 36000 pcu；$B = 6.5 \times 10^{-2}$ L/km(考虑至 2010 年，汽车节油技术发展等原因，并假设汽车以 50 km/h 等速行驶在该路段，且每千米油耗量与当前 90 km/h 等速行驶油耗相当)；L = 城市主干路(50 m 宽)全长；ρ = 汽油密度 = 8×10^{-4}/L；μ_1 = 汽油量耗氧系数 = 3.429；T = 365(天)；K = 园林绿地制氧参数 = 阔叶林制氧参数 0.07 t/ha.h × 0.6(据测定，园林绿地与阔叶林制氧量的换算系数为 0.6)；t_1 = 该市年平均日照时数(如厦门市年平均日照时数为 2276.2 h)；L_1 = 城市主干路(50 m)单侧后退道路红线的绿地宽度；L_2 = 城市主干路(50 m)红线内平均绿带宽度 = 15 m（按城市道路相关规范，红线宽度大于 50 m 的道路绿地率不得小于 30%）。

8.2.2 城市道路绿线控制标准

宏观而论，碳氧平衡是个全球性的问题，某个城市地区或某条城市主干道绿地面积少了，不一定就会导致当地空气中严重缺氧，但会导致局部地段 O_2 含量减少，CO_2 含量急剧增加，对居民健康造成危害。如果城市道路沿线绿地自身就能基本维持碳氧平衡或吸收 CO_2 使其空气中含量处于不足以对人体产生危害的范围内时，上述情况就不会导致城市主干路沿线空气缺氧。

（1）生态标准

由上述城市主干路(50 m)碳氧平衡计算结果可知，该城市主干路每侧需后退道路红线的绿带约为 112 m，此值即为该城市主干路(50 m)绿地控制线的生态标准。

结合我国城市用地紧张实际情况，以及城市道路绿地各主要功能的综合要求，提出我国城市道路绿线控制的"生态型标准""景观大道标准""最低标准"，分别如下。

（2）生态型标准

生态型标准 = 生态标准 × 陆生植物对大气氧平衡度的贡献率系数 0.6，即该城市主干路(50 m)后退道路红线绿带每侧需控制的"生态型标准"为 112 × 0.6 = 67.2 m。

（3）景观大道标准

以规划期内城市建成区的绿地供氧率为城市道路绿地的最低供氧率，划定城市道路绿线控制的"景观大道标准"，并结合目前我国城市对新旧城区环境及绿地率的不同要求，"景观大道标准"又可分为新城区的景观大道标准和旧城区的景观大道标准。即：

新城区的景观大道标准 = 生态标准 × 2010 年城市绿地的供氧率

旧城区的景观大道标准 = 新城区的景观大道标准 × 2010 年旧城区绿地率与新城区绿地率之比（各地不同约为 0.5~0.7，一般可取 0.6）

以厦门市为例，2010 年厦门城市绿地的供氧率计算如下。

基本数据(2010 年)：

①人均城市建设用地 100 m^2；

②城市建成区绿地率 40%；

③据研究测定，维持城市地区人口呼吸碳氧所需的阔叶林面积 10 m^2；

④厦门城市地区人口呼吸耗氧量占城市地区总耗氧量的 15%（以城镇密集的"苏锡常"地区人口呼吸耗氧量占城市地区总耗氧量的 15% 为依据）；

⑤园林绿地与阔叶林制氧量的换算系数 0.6。

由①、②可知，厦门城市建成区 2010 年人均园林绿地面积 = ① × ② = 40 m^2。

由③、④可知，人均需阔叶林面积 = ③/④ = 66 m^2，再据⑤可得人均需要 110 m^2 的园林绿地面积，才能维持城市碳氧基本平衡。则：

厦门城市绿地的供氧率 = 人均园林绿地面积/人均需园林绿地面积 = 40/110 = 36%

那么,如果该城市主干路(50 m)处于新城区,由上述新城区绿线控制的景观大道标准公式可知:该城市主干路(50 m)后退道路红线绿带每侧需控制的景观大道标准为40.3 m。

如果该城市主干路(50 m)处于旧城区,由上述新城区绿线控制的景观大道标准公式可知:该城市主干路(50 m)后退道路红线绿带每侧需控制的景观大道标准为24.2 m。

(4) 最低标准

城市主干路后退道路红线绿带每侧绿线控制的最低标准为15 m(对于宽度超过10 m的绿线,植物就可采用多种方式种植,以营造生物多样性)。

总之,城市主干路沿线应把城市道路绿地与后退城市道路红线绿地统筹考虑分析,并根据交通量情况实行绿地总量控制。在此基础上,后退城市主干路红线的绿地可以根据景观的需要,不一定是一条等宽的绿线,可以结合城市主干路沿线的具体情况,在一些交通节点或重要景观处多设置绿地,城市主干路沿线局部绿线宽度则可适当调低,但最窄处不宜低于 10 m,最终达到整条城市主干路的绿地总量要求。

由上述计算绿线控制的四种标准数据可知,通常城市规划要求控制的绿线宽度严重不足,可见加强绿线规划控制的紧迫性。结合我国城市用地的实际及主干路沿线绿化的具体实际情况,我国适合按"景观大道标准"控制城市主干路绿线,既可以提高城市及人均公共绿地面积指标,又能有效地改善城市道路乃至整个城区生态环境。

8.3 城市道路绿线规划实例研究

下面以《张家港市环城东路、环城南路、河西南路城市道路绿线规划》为例,介绍中小城市的城市主干路绿线规划的内容与方法。

8.3.1 现状概况及存在问题

8.3.1.1 现状概况

"环城东路、环城南路、河西南路"地段位于张家港市城市核心区范围内,是核心区的主干道之一,是对外展示现代港口城市形象的窗口地区。整个规划区域位于张家港市内环线东段和南段,北临人民中路、沙洲东路和步行街,东起新市河,西到长安路。

8.3.1.2 存在问题

规划设计地段现状大部分为陈旧住宅、商业用地、工厂厂房、堆场和部分荒置用地,范围内有数条河流水系。目前该地段缺乏必要的统一规划和景观组织,使管理部门无法有效地对沿路景观进行控制,容易导致城市交通组织的无序,城市景观的混乱和城市生态的失衡,与本地区的重要性极不相称。具体为:

◇环城东路、环城南路沿线特色鲜明的城市标志性地段较少,且分布比较分散,没有形成完整的城市道路绿地景观系统。部分标志性地段亟待强化,尤其是环城路东西端出入口地段缺少突出的景观节点，与河西南路相交的重要地段周围缺少集散广场。

◇环城东路近沙洲路、河西南路以及河西南路与环路交叉口附近道路两侧现有底层沿街商店，是城市较为热闹的商业路段，但这些商业地段绿地很少，绿化效果不佳。

◇环城南路两侧多为居住用地，但居住用地内绿地面积不够，沿环城路两侧缺乏可供居民休闲游憩活动的街旁绿地或沿道路绿地。

◇道路两侧绿化或是形式单调，或是缺少绿化，没有整体感，在机动车快速通过的过程中无法给人留下深刻统一的城市印象。

因此，应当抓住机遇，充分发挥区位条件的优越性和开发潜力上升的有利因素，结合地块建设，把环城东路、环城南路、河西南路地区建设成张家港市区富有特色、景观优美的城市核心地段。

8.3.2 规划背景与目标

8.3.2.1 规划背景

在张家港市区加快发展的时期，环城东路、环城南路、河西南路沿线地区也正进入全面整治开发的时期，特殊的地位使其在弱化交通与工业厂区功能的同时，加强相应的城市道路绿化、商业居住和景观建设。在张家港市新一轮城市建设中，明确了"充分提升城市环境质量，使城市环境向自然化、人性化、可持续化发展"的方向。环城东路、环城南路、河西南路城市道路绿线规划与景观工程正是其中一项重要组成部分。

8.3.2.2 规划定位及目标

力争把这三条城市主干路建设成为"现代都市快速绿道及高级商业、住宅区核心景观走廊"。依据其定位，绿线规划的目标主要有：

◇指导、引导各地块绿线规划及绿地设计，以促进地区环境协调一致地发展建设。

◇创造个性化、高品质商业、住宅区公共空间。

◇延续地区城市脉络。

◇近期保留城市快速主干路功能同时，通过绿线规划加强绿地建设，为远期弱化交通功能创造条件。

8.3.3 城市道路景观空间分析

一个成功的城市道路绿地规划必不可少的控制要素除了"可达性"之外，对身处该场所活动的人而言，还必须方便地了解此地明确的空间构架以及视觉要素，这种使人获取空间要素的容易程度，即是空间的"可识别性"（legibility）。

8.3.3.1 不同性质景观空间交叉分析

环城东路、环城南路、河西南路作为城市干道，无论是本地区居民还是周围地区居民，其车流与车流、人流与车流、人流与车流，均会形成在不同程度上的交织，性质不同的景观空间（如河道景观与主要道路之间）也会产生大小不一的交叉区。尤其是在河西南路和环城南路交叉口，沙洲东路与环城东路交叉口，城北路与环城东路交叉

口(东横河与环城东路),人民中路与环城东路交叉口是需要重点处理的路段。建议:

◇几处道路交叉口必须控制车流和车速,尤其是步行空间与道路交叉口。

◇在几处人流交叉汇聚点设置广场、街头绿地、雕塑小品等景观内容,以吸引人流,带动地区活力。

◇由于今后环城路两侧为相对不错的商住区,因此应对环城东路房产的开发强调公共开放性由北向南逐渐加强,相应地环城南路则由西向东逐渐加强。

8.3.3.2 空间结构要素分析

要清晰表达一处地区的空间印象,可从路径、节点、地标、界面、场所五要素入手(图8.2)。

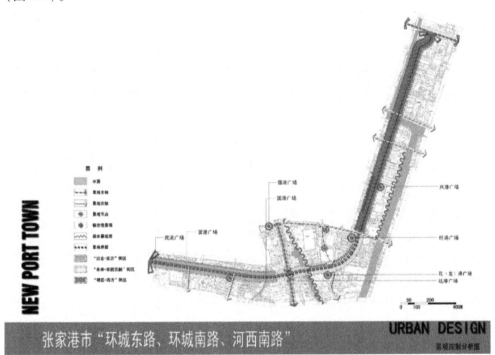

图8.2 张家港市环城东路、环城南路道路绿线规划景观控制分析图

(1)路径(paths)

路径是所有这些要素中最重要的空间要素,它们是公共活动的通道——机动车道、街道、小巷、铁路等,这些往往是人们对一个城市、地区印象中最容易记住的特征。建议:

◇本地块应着重处理的特征路径包括:环城东路和环城南路两侧人行道、河西南路车道、沿河步道系统。

(2)节点(nodes)

节点是指焦点区,如路径的交叉、不同空间的转换点、界面转折点等。建议:

◇在本地区的景观空间布局中可通过强调几个重要的节点,以突出空间个性,保持空间活力。

◇在本地区沿路的重点地段合理布置重要节点建筑和节点广场,并控制各个节点的相互距离。

（3）地标（landmark）

重要的建筑和构筑物，常常成为认识一个城市和地区十分有效的切入点，这些点就是标志点和节点。

标志点是指一个城市或地区内最重要、最显著的建筑或构筑物，同一地区往往只有一个标志点，控制数量和位置，保护已有标志点是创造独特城市形象最基本的手段。环城南路与河西南路交叉口为地区标志点提供了良好的前景和观赏距离，有可能成为设置标志点最佳的场所。环城东路与人民中路交叉口的张家港市检察院已成为公众认可的地区标志点之一。建议：

◇在整个地块中明确提出环城南路与河西南路交叉口东南角广场绿地及其南侧规划高档住宅区中的高层商住楼为本地区标志点，并不再增加数量和扩大范围。

◇严格保护该地区标志点的观赏空间，控制周围建筑高度。

◇注意新标志点与已形成的标志点（张家港市检察院）之间的关系。

◇每个标志建筑和节点的详细设计，应通过国际和国内设计及专家认可，以保证高水准的设计。

（4）界面（edge）

界面是空间的另一线性元素，但不同于路径线性元素，它是指空间的边缘界面及空间轮廓线。建议：

◇保证沿街裙房的连续性，形成几段具有连续曲线界面的街道空间，强化其流动的空间特征。

◇尽可能使环城路和河西南路两侧的高层建筑远离街道，并确保高层建筑的开敞性，以消除高层建筑产生的压抑感、大面积阴影和高层气流的影响。

◇保持谷渎港和沙洲路之间环城东路北侧新开发小区景观的沿道路弧线连续界面，并使周围建筑的轮廓线富于变化。

（5）场所（district）

本次规划地块还未形成有强烈"地区特性"的场所。建议：

◇运用连续式建筑布局、多变的开放空间、统一基调的色彩、绿地广场、喷水雕塑等特征元素的多种组合，延续地区的发展脉络，引入新的特征元素，创造出该地区物质上的和视觉上的崭新形象。

8.3.3.3 景观视觉整体性分析

视觉的易读性、可观赏性及通达性对一个场所的可识别性尤其重要。

（1）视觉易读性

本地区的绿地景观空间及周边环境应向人们表达明确的信息——它能提供什么（品质和用途）。

首先要了解场所的主要使用者。环城东路和南路两侧会是相对高级居住区，河西南路两侧是商业区，本地区以大多市民为主要服务对象，这也决定了绿线规划设计基调应适合高级商业住宅区的环境。建议：

◇在景观环境设计中，分为三段主题街区，各段街区可采取不同风格，但应有联系。

◇在滨河步行道和部分小区步行道的入口处、主要绿地广场设置信息指示牌等信息点。

◇周围建筑在形状、色彩材料的使用中，应有协调的风格，并与建成区有一定的联系。

◇沿街的商业裙房，在立面处理时应反映其用途，并与相邻店面产生联系。

(2) 视觉可观赏性

在绿地设计中，应采用丰富的多种尺度的细部、变化的沿街轮廓、令人难忘的趣味点等处理手法，来达到绿地空间的可观赏性。建议：

◇街旁绿地或沿道路绿地中的绿地形态建设要有特色，植栽层次力求丰富，既有通透性又有屏蔽性。

◇广场、步行道地面铺装对材质及细部有较高要求，不仅要有丰富质感的材料，而且必须具有可接触性，建议采用软性材料处理。

◇沿街商店需特别注意其材质、色调的运用，以及小尺度的细部处理，如门、窗、橱窗、一层檐口、店面标识、广告等。

(3) 视觉通达性

组织起有效的视线或游览路线以及多样化的观赏点，以便让人们舒适、愉快、方便地接收本地区绿线规划与景观设计所要传达的信息。

8.3.4 道路绿线规划控制

8.3.4.1 绿地分类

根据《城市绿地分类标准》本次绿线规划的绿地分类到中类，具体城市绿地分类如表 8.1：

表 8.1 地块绿地分类性质一览表

类别代码		类别名称	内容与范围	备注
大类	中类			
G_1		公园绿地	向公众开放以游憩为主要功能的绿地	
	G_{11}	综合公园	内容丰富，有相应设施规模较大的绿地	
	G_{12}	社区公园	为一定居住用地范围内居民服务的绿地	
		小区游园	为一个居住小区居民服务配套建设的集中绿地	$R = 0.3 \sim 0.5$ km
	G_{13}	专类公园	具有特定内容或形式，有一定游憩设施的绿地	
	G_{14}	带状公园	沿城市道路、水滨等，有一定游憩设施的长形绿地	
	G_{15}	街旁绿地	位于城市道路用地之外相对独立成片的绿地，包括街道广场绿地、小型沿街绿化用地等	绿化占地比例应用≥65%

(续)

类别代码		类别名称	内 容 与 范 围	备 注
大类	中类			
G_2		生产绿地	为城市绿化提供苗林的苗圃等圃地	
G_3		防护绿地	具有卫生、隔离和安全防护功能的绿地	
G_4		附属绿地	城市建设用地中绿地之外各类用地中的附属绿地	
	G_{41}	居住绿地	居住用地内社区公园以外的绿地	
	G_{42}	公共设施绿地	公共设施用地内绿地	
	G_{43}	工业绿地	工业用地内绿地	
	G_{44}	仓储绿地	仓储用地内绿地	
	G_{45}	对外交通绿地	对外交通用地内绿地	
	G_{46}	道路绿地	包括行道树绿带、交通岛绿地、停车场绿地等	
	G_{47}	市政设施绿地	市政设施用地内绿地	
	G_{48}	特殊绿地	特殊用地内绿地	
G_5		其他绿地	对城市生态环境质量等有直接影响的绿地	如风景名胜区

8.3.4.2 用地性质

根据《城市绿地分类标准》及张家港市环城东路、环城南路、河西南路现状，现将本次绿线规划地段绿地性质分为：滨水带状公园、街头休闲公园、小区游园、街头小游园、街头休闲广场、沿道路绿化、交通环岛绿化等。

8.3.4.3 绿地开发控制细则

环城东路、环城南路、河西路地区的绿地开发控制主要从其用地性质、用地面积、绿地率、主要出入口等方面来控制（表8.2）：

表8.2 绿地开发控制指标一览表

地块编号	绿地分类	绿地性质	用地面积（m²）	绿化面积（m²）	绿地率（%）	主要出入口方位				备注
						东	南	西	北	
A-1	G_{14}，G_2	街头休闲公园兼苗圃	6454	4840.5	75	●			●	
A-2	G_{15}	沿街绿化	5860	4160	70	●				
A-3	G_{15}	沿街绿化	917	640.5	68	●	●			
A-4	G_{14}	街头小游园	623	555	75				●	
A-5	G_{15}	小广场	466	326.2	70		●			
A-6	G_{12}	小区游园	7694	5251.7	72		●	●	●	
B-1	G_{15}	街头广场	4446	3201.1	72		●			
B-2	G_{15}	沿街绿化	2631	1895	72		●			
B-3	G_{15}	沿街绿化	2118	1525.3	72		●	●		
B-4	G_{15}	休闲广场	2496	1872.6	75					
B-5	G_{15}	休闲广场	4100	3116	76	●		●		
B-6	G_{15}	街头小游园	538	403.5	75			●		
B-7	G_{14}	沿河绿地	1857	1449	78	●		●		

（续）

地块编号	绿地分类	绿地性质	用地面积（m²）	绿化面积（m²）	绿地率（%）	主要出入口方位				备注
						东	南	西	北	
B-8	G_{14}	滨水带状公园	16914	12178	72	●		●		
B-9	G_{15}	街头小游园	1158	830.4	72			●	●	
B-10	G_{46}	交通环岛绿化	803	627	78					
B-11	G_{11}	综合性公园			70	●		●		
C-1	G_{15}	街头休闲公园	3435	2232.8	65	●		●		
C-2	G_{15}	街头小广场	2514	1709.9	68	●		●		
C-3	G_{15}	街头小广场	434	295.1	68	●		●		
C-4	G_{15}	沿街绿化	1167	794.1	68	●				
C-5	G_{15}	街头小广场	271	203.5	75			●		
C-6	G_{15}	沿街绿化	247	1732.3	70		●			
C-7	G_{15}	沿街绿化	226	158.8	70					已建

8.3.4.4 绿化种植设计导则（图8.3）

◇植物形态的应用应加强景观的空间设计与空间个性，例如长向空间宜列植同样树种，广场宜种植树阵。反之，非正式空间、软化水岸宜错植、混播不同种类与层次树种，以达到自然高度的效果。

◇多数植栽以选择本地乡土树种为植栽种类，如此不但适应力强，而且能呈现地区特色，亦符合生态性。少数植物品种引用外地种类，尤其是已证明有相当程度驯化种类，重点栽植则可根据所需效果做另外选择。

◇混植常绿与落叶树种以制造景观上季节的变化趣味，尤其善用不同季节开花与树叶变色的效果，选择抵抗病虫害力强且较易维护的植物，譬如在广场及车行、人行道处选择自然分支高的乔木、修剪成型的灌木及四季草花，仅用在空间或色彩效果最明显的重点地方。

◇考虑人们居住、生活对环境的要求较高，因此在选择树种时应尽量栽植净化功能强、树干整洁、无病虫害、无污染的树种。

◇高大乔木是环城东路、环城南路、河西路街道建设能否成功的重要保证。成排成行的乔木不仅能够烘托街道悠长的天空，更能为居民提供优质的休憩环境。规划建议本地块中重点地段高大乔木不少于两排，成材后高度在15 m左右，其中树干分叉高度应在4 m以上，冠径在10 m以上，树间距在5 m左右。在落叶乔木中，法国梧桐、银杏是比较好的选择；在常绿乔木中，香樟以其树形优美，材质优良而成为首选。

◇规划建议在"现在·西方"街区中适量地增加引入杉类、松柏类树种，以显示西式园林的神韵。

◇灌木的配置区是人视线接触较广的部分，在自然形态的配置中，应注意树形、叶形叶色以及花时花形花香等诸多要素搭配。

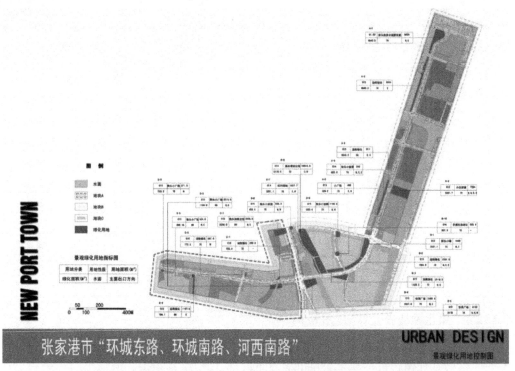

图8.3 张家港市环城东路、环城南路道路绿线规划控制指标导引图

◇在人行道较宽的路段，应该适当地运用人工修剪的绿篱。高大的绿篱其高度应在人视线以上；低绿篱应与花台高度相结合，接近人的尺度。

◇人行道宽度最少要1.5 m，长、宽各1 m的树洞周围需留有1.5 m×11 m的面积铺设混凝土板；如人行道宽度超过1.5 m，需全部铺上混凝土板，同时距树洞两旁需伸出去5 m。

8.3.5 城市道路景观环境设计方案

8.3.5.1 道路景观主题

根据现状分析，可以看到整个绿线规划道路区域缺乏统一的主题和连续性。因此在把本地区定位在"现代都市快速绿道及高级商业、住宅区核心景观走廊"的同时，规划划分本地区为三个主题街区——"过去·东方""现在·西方"和"未来·融合"，三段街区各有特色，但又有风格的融合和相互渗透(图8.4)。

"过去·东方"街区始于长安路到河西南路与环城南路交叉口西侧100 m处，该路段体现的是"东方古韵魅力"，其中几处街头小广场采用中国古代的"九宫"方格网状的构图，或是小桥流水的自由格局。沿街建筑底层立面可多用木质材料或作镂空雕花，或用中国灯笼装点门面；色彩以白墙青瓦的基调为主，部分路段可配以红色点缀。植物种植应讲究诗情画意，以竹、梅、芭蕉为主，辅以桂花等花叶小乔木，营造幽静淡雅的特色氛围。

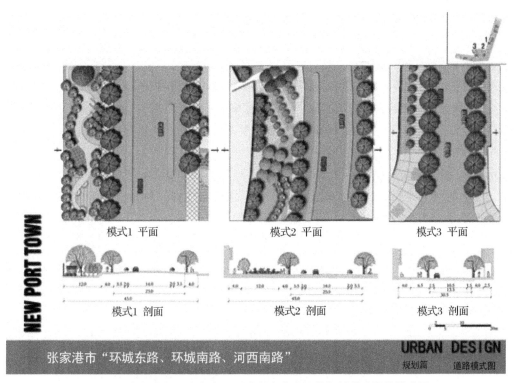

图 8.4　张家港市环城东路、环城南路道路绿线规划道路绿化模式图

"现在·西方"街区是指环城东路从人民中路到沙洲东路段，该路段体现的是"西方现代色彩"，基本上要求道路两侧新建建筑退后道路红线 12 m，确保此段城市道路空间的开敞性，以消除高层建筑产生的压抑感和大面积阴影的影响。此街区的绿地设计要求做到风格大气规整，与周边住区紧密结合在一起，或利用地形高差创造生动活泼、收放自如的休闲广场。沿街建筑底层立面应多用合金等金属构架和大面积的玻璃作门面，色彩以银色、浅灰和深灰等色调为主。绿化种植以大面积的草坪为主，植物配置应做到简洁明快，可种松柏、梧桐、广玉兰等大型乔木。

"未来·融合"街区是指沙洲东路以南，新市河以西，河西南路以东（包括以沿街西侧）围合路段，该路段是最能体现现代都市特色的街区。无论从"过去"街区还是从"现在"街区进入，进入该区域都会达到景观序列的高潮。在此既能体现"天人合一"的东方情趣，又能让人更加强烈地感受到现代化都市街区朝气蓬勃的特色，东西方氛围交融渗透。

◇环城东路南侧、谷渎港东侧地块更多地突出东方主题。

◇沙洲路以南、谷渎港东侧环城东路以北地块更加强调生态住区的概念，绿地率可达50%。

◇环城南路与河西南路交叉口东南角广场绿地及其南侧规划高档住宅区，需展现现代城区简约醒目的风采。

◇河西南路商业街区则要求做到人行道拓宽，车行道远期改为三车道，两侧店面内容重组，应改变现在以建材、五金为主的店铺形式，形成以餐饮娱乐和电器销售为主的商业街。

本地块色彩应更为浓烈大胆，营造出丰富多彩的街道景观，广场绿地也不拘泥于形式，力争呈现出多元的城市文化氛围。植物种植可以多种搭配，沿谷渎港的滨河步行道两侧可以种植银杏、垂柳等季相色彩丰富多变的乔木，各个绿地可以形成枫树园、樱花园、椰风园等多个主题，但绿地种植都要求乔、灌、草比例合理，讲究生态物种多样性。

8.3.5.2 绿化广场景观

根据现状条件和城市发展规划，本次规划沿环城东路、环城南路和河西南路共规划了八处较大的绿地广场。

◇"A-6广场"在环城东路中段，环城东路与暨阳东路交叉口东南角的交通大酒店处，作为整个广场系列的开始，该广场与路对面的带状绿地一起形成环城东路中段的"绿核"，同时它是周边住宅小区和商业街区的休闲集散点，又连接环城东路步行道和新市河滨河绿地步道，地位极其重要。结合有大型停车场。

◇"B-1广场"位于沙洲东路和环城东路交叉路口西南侧，是规划新开发的地块沿环城东路绿地的起始点。

◇"B-4广场"在建农路与环城东路路口，三角形的基地平面中布置以"鲜花"为主题的多姿多彩的花卉种植。

◇"B-5广场"是整个道路景观的高潮所在，应最能体现现代气息，集中展现张家港城市建设成就的滨水广场，兼有休闲公园性质。

◇"C-1广场"是在原第一人民医院的部分用地上建设的，作为连接张家港市唯一一条步行商业街的入口广场，广场以硬质景观为主，设高大乔木、座椅、喷泉或水池、雕塑等，布置有各种休闲娱乐设施，以方便市民游憩。硬质地面铺砌拼花至关重要，其风格应与环境相符。

◇"C-2广场"在环城南路原富都汽车公司旧址上兴建，以方格网构图为主，与对面的国税局绿地相呼应。

◇"C-3广场"位于小菜巷弄与环城南路路口，随着小菜巷弄的拓宽，向南延续有一条宽约9 m的绿带结合西侧商业店面设置。

◇"新港公园"是规划新建的市级大型综合性公园，位于谷渎港与新市河交汇处，由环城东路、谷渎港、新市河与建农路围合的地块，地理位置极为优越。可建成为集休闲、观赏、娱乐为一体的大型公园，与周边的高档住宅相呼应，是整个城市核心区的生态"绿心"。

8.3.5.3 滨水景观

充分利用张家港市水网密布的独特条件，沿河规划游憩、观光绿化带，既能起到河岸防护的作用，也可以为城市居民提供可参与的开敞空间。

在新市河、谷渎港、东横河等主要河道两侧控制20～30 m宽的滨河绿地，对于河边已划拨的用地,其建筑红线应向河边退让 20~30 m,其他河道两侧适当控制 10~20 m 绿化带。植物绿化时考虑丰富的层次和色彩,增加城市亲水空间。规划期内应逐步加强沿河带状绿地中的旅游设施配套建设和景观设计,突出其在城市绿地环境中的地位。尤其是新市河两侧应控制出宽度 25 m 的绿带,作为新港公园的延续。

滨水绿地可设置雕塑、碑文、展示栏(牌)、纪念性构筑物等小品,可以在一定时间举办各类展览、表演、娱乐活动,如摄影展、书画交流、情景剧表演、露天音乐会等文化活动,丰富市民生活。滨水区建筑要控制在一定红线范围内,在河道两侧留出一定的绿化面积,立面色彩要与周围环境相协调,适当控制建筑高度。适当布置灯具、座椅、电话亭、废物箱等设施,而具有视觉传达性能的设施如交通标志、报栏、广告牌等除了应具备传达信息的功能外还应考虑其美观特性。

树种选择应考虑地方性、土壤和地形的特性,不破坏水系环境,保持原有自然型的原生植物,部分可选用树形优美的树种,如水柳、银杏、杨树等,既美化空间又不遮挡观水视线。游憩地区种植园林绿化树种,满足视觉、嗅觉需求,如桃树、桂树、丁香等。

8.4 小结

本章在尝试以碳氧平衡理论对城市道路沿线绿化进行量化研究的同时,结合中小城市的城市主干路绿线规划实例,强调城市设计与景观环境设计有助于城市道路绿线规划工作的开展与控制指标的把握,为今后城市道路绿线规划的研究提供范例。

(感谢厦门市城市规划设计研究院蒋跃辉先生和余露女士为本章编写提供的帮助。)

参考文献

[1] J. 麦克卢斯基. 道路型式与城市景观[M]. 张仲一,卢绍曾,译. 北京:中国建筑工业出版社,1992.

第 9 章

特大城市绿线规划的实践
——南京市的研究

在我国，特大城市的城市建设一直是城市规划工作开展得最完备和最前沿的研究领域，城市绿线规划在城市绿地系统规划的各个层面都会有所体现。城市绿线规划以城市总体规划、城市分区规划和城市绿地系统规划为依据，除了详细规定各类城市建设用地中的绿地控制指标和其他绿地规划管理要素，更为强化绿地系统规划与规划管理之间的关系，保证城市绿地系统规划的指导思想与目标能够通过规划管理加以贯彻实施，这对于提高城市绿地系统规划的可操作性有着十分重要的意义。针对更大尺度层面的特大城市规模，以南京市为例对特大城市绿化绿线规划的分区绿线规划特征进行介绍。

9.1 特大城市绿线规划的特点

由于特大城市的城市体系过于庞大，城市绿地系统规划工作不可能面面俱到，只能通过再分层次的规划控制出发，分别解决各个阶段的问题，因此，在这里绿线规划的控制性详规和修建性详规两个阶段的任务与工作就应当分别开展，而且大多数时候更多地强调的是绿线控制性详规方面的工作内容。除此以外，特大城市绿线规划还有以下特点：

（1）兼顾考虑城市外围大环境的控制

在分类原则上，鉴于特大城市对周边城市群的巨大影响力及其在区域环境中的主导地位，绿线规划应与外围大环境协调，规划中城市绿地分类也应从城市外围大环境着手，以有利于控制、引导绿化建设，为整治城郊结合部，引导城市合理发展，并从宏观上改善城市及区域生态环境。

（2）强调分区、分类控制，体现绿线规划的科学性和系统性

由于特大城市的城区面积过大，为方便绿线规划工作开展，可以把整个城市划分为四到五个片区，分别进行绿线规划实施，保证绿线规划工作的深度、精度和可操作

性；同时依据科学配置城市中的全部绿地资源的原则，在绿地分类时应把其他城市建设用地内的绿地面积纳入绿地率的计算指标中，并通过绿地分类把非城市建设用地内的绿地纳入城市绿线规划的控制范围内，以利于及早实施控制、保护或引导，确保城市能够在良好的大环境中持续发展。

（3）加强规划城市绿地周边环境分析和绿线管理的力度。

分区绿线规划在保证总量控制的前提下，其工作重点可以从绿地控制指标的制定，更多地转向对现状绿地环境及其矛盾的分析把握，并明确绿地性质和范围，为今后的详细规划预留空间和可操作性，也有利于在新的条件下理顺绿地建设与使用的责、权、利关系。

下面以南京市城市规划设计研究院2001年编制的《南京城市绿化绿线规划（2001—2010）》为例，详细介绍特大城市绿地系统绿线规划的编制情况。《南京城市绿化绿线规划》由南京市规划局和南京市园林局共同组织，由南京市规划设计研究院编制完成。

9.2 现状概况及存在问题

9.2.1 建设概况及存在问题

南京自然条件优越，名胜古迹众多，生态基础良好，随着城市总体规划和城市绿地系统规划的实施，经过多年的园林绿地建设，城市绿化事业得到了很大的发展（表9.1~9.3），到2000年底市区各类绿地总面积达10587 hm^2，其中建成区绿地面积7601 hm^2，市区公园绿地面积2250 hm^2，绿化覆盖率41%，建成区绿地率37.74%，已基本形成了山、水、城、林融为一体，各类绿地有机结合，风格独特的国家园林城市（1997年8月被授予国家"园林城市"称号）。具体表现在以下几个方面：

◇ 城市大环境绿化建设已初见成效，至2000年底，中央门外防护绿带已形成规模，在城郊结合部植树造林4000余亩*，已完成了一、二期总长51.35 km，宽30 m的绕城公路绿化带工程建设，机场路、沪宁高速公路也进行了绿化美化工作，对改善城市生态环境和丰富城市景观起到了积极的作用。

◇ 良好的公园体系逐步完善，建成一批主题园和专类园，如国防园、玄武湖水上乐园、莫愁湖儿童欢乐世界、雨花台雨花石文化区等。同时，还重点进行了植物专类园的建设，新建、扩建了古林公园牡丹园、莫愁湖公园鸢尾园、国防园杜鹃园、燕子矶公园果树盆景园、玄武湖公园月季园、清凉山公园兰花园。

◇ 城市绿化广场建设"以人为本"，取得了前所未有的成就。利用城市改造，扩大绿地，还绿于民，在市中心建成了鼓楼市民广场、汉中门广场、山西路广场；在城东建成了中山门广场、明故宫广场；在城南建成了雨花广场、卡子门广场；在城西建成

---

* 1 亩 ≈ 666.667m^2

了阳光月光广场;在城北建成了胜利广场、红山广场。新建城市广场达30多个,总面积超过40万 m²。在建设绿化广场的同时,见缝插绿,建设了虎踞路、太平北路、光华门等10多处小游园。

◇城市道路绿化普遍发展,逐步形成了以道路、水系绿化贯穿连接,城乡一体,外楔于内的绿地网络骨架,进一步完善了城市生态功能。

◇园林绿化建设的发展促进了城市经济建设发展,月牙湖公园、汉中门广场、阳光月光广场的建设有力带动了周边地区的房地产业的发展。

◇各级风景区与风光带建设情况良好。钟山风景区、雨花台风景区、秦淮风光带,经十年的建设,已形成规模,景点建设和配套设施比较完善,是南京接待外地游客的主要景区。明城墙风光带规划于1998年编制完成并通过全国专家评审。栖霞山风景区、老山风景区、汤山温泉—阳山碑材风景区等已得到一定开发,正在逐步完善,初具接待能力。

表9.1 南京市1988—1997年园林绿化一览表

年度	建成区绿化覆盖面积(hm²)	绿化覆盖率(%)	园林绿地面积(hm²)	公共绿地面积(hm²)	人均公共绿地面积(m²/人)	公园数量(个)	公园面积(hm²)	游人量(万人次)	植树量(万株)	苗圃面积(hm²)	年末职工人数(人)
1991	2529	38.10	6142	1345	7.00	34	1278	2571	140.0	265.0	6989
1992	3219	39.50	6148	1360	7.00	34	1289	1823	102.0	240.0	7013
1993	3219	39.40	6059	1365	6.90	34	1289	1477	111.0	259.0	6924
1994	3279	39.50	6066	1396	6.90	34	1313	1780	88.0	256.0	7178
1995	4343	30.90	6335	1574	7.10	33	1483	1472	76.0	341.0	6793
1996	5060	39.95	6366	1606	7.97	33	1485	1287	83.0	176.0	6729
1997	5340	39.98	6118	1646	7.97	33	1491	1396	116.0	176.0	6915
1998											
1999	7955	41	7335	2120	8.6		1706	1256			
2000	8250	41	7601	2250	8.8		1725	1192			

表9.2 南京市园林局1997—1999年投资及主要建筑项目一览表

年 度	投资额(万元)	主要建设项目
1997	2873	玄武湖道路改造、湖滨东广场、莫愁湖道路广场、新街口广场、夫子庙车站广场、汉中门广场、卡子门广场、红山森林动物园
1998	3128	卡子门广场、大钟亭办公楼、新街口广场、清凉山兰花园、红山动物园一期、玄武湖景点改造、火车站广场
1999	3511	明故宫广场、江东路绿化、莫愁湖综合改造、花卉园、玄武湖公园改造

表 9.3 南京市城市绿地现状统计表（1999 年）

序号	类别代码	类别名称		面积（hm²）	占城市建设用地比例（%）	人均（m²/人）
1	G_1	公共绿地		2119	10.9	8.8
		其中	公园 G_{11}	1706	8.8	
			街头绿地 G_{12}	414	2.1	
2	G_{21}	生产绿地		522	2.7	
3	G_{22}	防护绿地		420	2.2	
		小 计		3061	15.8	
4	R_0	居住绿地		738	3.8	
5	G_0	附属绿地		1330	6.8	
		小 计		2068	10.6	
6	E_4	风景林地		2206	11.3	
		合 计		7335	37.7	30.6

虽然南京已被评定为国家园林城市，但近些年来随着城市经济的发展，城市化的加快，市区人口的增加，从生态园林和人居环境的观念看，在城市绿地建设力度、保护措施、发展水平以及提高人居绿化环境质量方面仍显不足，与国内外先进城市相比存在一定差距，主要表现在以下几个方面：

◇城市绿地增加幅度远远落后于规划增长幅度，而城市人口增加幅度大大高于规划增长幅度，主城人均公共绿地呈负增长，与现行总体规划确定的近期（2000 年——按 2000 年南京绿地系统总体规划文本时间统计）目标也有较大的差距（表 9.4）。

表 9.4 南京市不同层次人口绿地变化情况（1990—1999）

地区	内容	人口（万人）	绿地面积（hm²）	公共绿地面积（hm²）	人均公共绿地（m²/人）
市域	1990	236	1821.4	1488.2	
	1999	410	3081.7	2119.7	
	增长率	6.33%	6.02%	4.01%	
	2000 年规划	340~360	6656.2	4300.2	
	规划增长率	4.01%	13.84%	11.19%	
都市发展区	1990	232	1793.4	1460.3	
	1999	354	3049.8	2087.1	
	增长率	4.81%	6.08%	7.90%	
	2000 年规划	310~320	6411.8	4137.8	
	规划增长率	3.11%	13.59%	10.98%	
主城	1990	182	1512.2	1227.4	7.22
	1999	258	2645.0	1685.6	6.53
	增长率	3.95%	6.41%	3.59%	-1.11%
	2000 年规划	200	3306.9	2140.9	10.70
	规划增长率	0.96%	8.14%	5.72%	4.01%

◇城市绿化特色保护未能充分体现,自然山体、绿地、水面都受到不同程度的侵占和破坏,明城墙风光带和大江风貌区的建设进展缓慢,古都环境风貌和江滨景观特色体现不足。

◇公共绿地分布不均,级配不合理。由于历史的原因和自然条件的影响,形成主城南北和东西绿地分布不均的格局。据分区规划资料统计,主城东片区人均公共绿地面积高达 74.92 m^2,南片区人均公共绿地也有 7.9 m^2,而北片、西片与中片人均公共绿地为 3.13 m^2、2.17 m^2 和 1.32 m^2,远远低于国家规定的人均 7 m^2 的标准,也不符合创建国家园林城市各城区绿化覆盖率、绿地率相差在 5 个百分点、人均绿地面积差距在 2 m^2 内的标准。

◇居住区、居住小区绿地指标偏低。75%居住区绿地率在 25%以下,最低的只有 1.65%,低于国家规定新建小区绿地率 30%、旧城改造区绿地率 25%、园林式居住区占 60%以上的标准。其原因主要是居住用地零星开发不成规模,缺乏整体规划配套,在城市规划、设计、建设、监理、验收等环节缺乏保障足量绿地的硬性约束。

◇新建道路绿化达标率低且功能单一,城市原有主干道的"绿色隧道"已有相当部分消失,"绿色廊道"的连接度不够,生态效应未能充分发挥。

◇单位附属绿地严重缩减,历史形成的机关大院、高校科研单位和花园工厂由于市场经济、房地产热的冲击,纷纷"毁绿建楼""破墙开店",绿化水平严重下降。

◇城市防护绿地建设投入不足,而被侵占现象却比较严重。江北大厂镇、江南中央门外、板桥镇等重工业区与主城之间的防护林带比较脆弱,如扬子乙烯与大厂生活区之间的防护林带,近年来不断插建了一些城市建设用地,其中包括新建的农民新村;大厂区与浦口高新技术开发区之间的绿化隔离带,也随着南钢的扩建而连接度一再减弱。

◇城市生态防护网架的建设总体上滞后于其他城市建设活动,生态主网架基本处于自然状态,部分山体、植被还遭到人为破坏,某些起生态作用的关键地区和节点的开敞空间,遭到了建设性的破坏,如钟山风景区和汤山风景区之间的马群、麒麟地区的开发建设,雨花风景区和牛首山之间的宁南开发建设,将严重影响生态防护网架整体生态作用的发挥。

9.2.2 规划实施及存在问题

南京市历来重视绿化规划编制,现行城市总体规划是 1989—1993 年期间编制,1995 年经国务院批复同意,新一轮的总体规划调整自 2000 年开始,根据城市总体规划,1995 年编制了雨花台风景区总体规划;1997—1998 年编制了明城墙风光带规划,1999 年经市政府批复同意,并以此为依据划定了绿线;1998—1999 年编制了主城绿地系统规划,2000 年经市政府批复同意,并以此为依据划定了主城的公园和绿化广场绿线[1]。

随着上述规划的实施,如前所述南京城市绿化事业得到很大的发展,但是由于近几年城市发展速度加快，城市绿化事业的发展在建设方面暴露出的不足之处，反映了城市绿地规划实施存在的问题。

◇规划编制有待于进一步深入与完善，强化绿地规划编制与建设管理之间的联系，使两者有机地结合在一起，保证城市绿地系统规划的指导思想与目标能够通过规划管理加以贯彻实施，提高城市绿地系统规划的可操作性。

◇城市绿化建设事业是一件公益性的事业，城市绿地系统规划体现的宏观的、长远的城市整体利益，谈到具体地块时与一些部门、单位的个体利益、近期利益不可避免地发生冲突，现行规划法定地位不高，刚性不足，难以有效推进建设实施，个案突破累加导致在整体上突破原先的系统规划。

◇规划实施缺乏完善的实施机制，保证城市绿化用地的公共政策措施相对滞后，城市绿化建设的公共财政资金难以落实，城市绿化管理机构体制分割严重，阻碍了城市绿化建设事业的发展。

9.3 规划依据及指导思想

9.3.1 规划依据（略）

9.3.2 规划指导思想

城市绿化绿线规划是对城市绿地系统规划的进一步深入与完善，将绿地系统规划的意图通过一系列绿地指标控制和管理要素引导反映在城市用地的每一地块上。这些细则直接体现了绿地系统规划的指导思想和规划意图，使绿地系统规划更加便于城市规划管理者操作。

(1) 生态学原则

以改善和维护良好城市生态环境为目标，运用城市生态理论与风景建筑学理论，系统工程方法和现代科学技术，通过绿化，规划组织高效益的城市居民活动过程，以良好的生态环境质量和生活质量提高城市的生态位。

(2) 合理性原则

城市绿地尤其是城市公园是城市基础设施的一个门类。在城市绿地的用地选择上、布局配置上、规模指标上，都必须以客观条件为基础，以科学分析为依据，尽量避免主观随意性。

(3) 超前性原则

受经济发展水平的制约，我国城市绿地的建设水平普遍较低，基础较差，这是城市绿地规划的限制因素之一。但规划不能过分迁就现状，要具有一定的前瞻性，从城市发展的需求出发，提出长远发展目标，通过规划控制，逐步予以实现。

(4) 可操作性原则

规划成果是城市规划管理的依据之一，必须具备较强的实用性。城市绿地系统规划作为城市总体规划的一个组成部分，必须具有可操作性。

9.4 规划范围与目标

9.4.1 规划范围

南京绿化绿线规划范围分"主城""都市发展区—市域"两个层次开展工作。主城在主城绿地系统规划的指导下，以分区规划调整为基础开展；都市发展区和市域范围内结合风景区、县域规划和总体规划调整展开（本书中未做涉及）。近期工作以主城绿化绿线制定为主，根据南京市总体规划，主城规划范围指长江以南，绕城公路以内的地域（图9.1）。

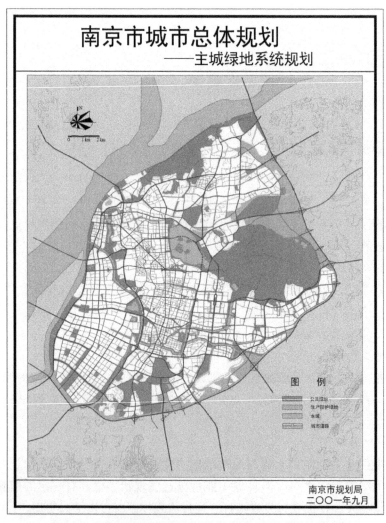

图9.1 南京市主城区城市绿地系统规划图（2001—2020）

9.4.2 规划目标

城市绿化绿线规划以城市总体规划、分区规划和绿地系统规划为依据,建立覆盖主城区的详尽的规划图则和文本,详细规定各类城市建设用地中的绿地控制指标和其他绿地规划管理要素,作为提出规划要求的法律依据,强化绿地系统规划与规划管理之间的关系,将两者有机地结合在一起,有效保证城市绿地系统规划的指导思想与目标能够通过规划管理加以贯彻实施,提高城市绿地系统规划的可操作性;更进一步建立城市地理信息系统和网络,为城市各级政府机构、城市规划管理部门、园林绿化部门的发展决策和科学管理提供完整的组织信息流和数据流,以达到全面、综合、动态的调节控制城市绿地建设的目的。

9.5 规划内容

9.5.1 总量控制

规划根据主城山、水、城、林的优越条件,提出将主城 243 km² 中 35% 的用地作为绿地控制,包括公共绿地、生产防护绿地等。按至 2010 年规划人口 300 万计算,人均绿地约 28.35 m²;在其余 65% 的城市其他用地中,按国家标准,规划绿地在 25% 以上,人均绿地约 13.16 m² 以上。以此保证主城规划人均绿地在 41.51 m²,远景到 2050 年,人口回落到 260 万时,人均绿地可以达到 47.90 m² 以上,达到维护生态平衡的目的。

9.5.2 空间布局

在总体规划基础上,对主城绿地系统的规划结构作适当调整。着重突出山、水、城、林融为一体的环境风貌、历史文化内涵丰富的古都特色,强调城市绿化结构的整体性和系统性,以突出绿地在改善城市生态环境中的功能作用。

从整体性出发,提出以四大风景区为主体,集中反映南京城市风貌;以明城墙为主轴,贯穿南京历史文化名城特色;以绕城公路绿地和滨江绿带及城北防护林带构成环境绿化的骨架。

从系统性着手,强调各类绿地之间及其自身的系统关系;在各类绿地中大力发展公共绿地的同时,积极发展居住区绿地、生产防护绿地和单位附属绿地,杜绝侵占绿地的现象发生。

在公共绿地的发展过程中,针对主城周围山林和滨江、滨河地段较多的特点,积极开发建设山地公园和滨水公园;针对老城区的特点,大力发展街头绿地,以小、多、均的绿化广场、小游园充实街头巷尾,形成大小结合、星罗棋布的公共绿地格局。至 2010 年人均公共绿地达到 15 m² 以上,并且最终实现 80% 的居民可在 10 min 内到达公共绿地。

9.5.3 制定原则

9.5.3.1 用地原则

主要根据南京山、水、城、林的特点结合主城内自然风貌、历史文化保护和旧城改造、工业布局调整、道路系统完善、特色空间塑造以及生态网络建立等综合考虑(图9.2、图9.3)。

图9.2 南京厚重的城市历史与绿化建设　　图9.3 南京厚重的城市历史与绿地建设

（1）侵占绿地收复——清除违章建筑，还绿于民
（2）现状绿地保留——现状绿地严格控制保护
（3）现状绿地扩大
◇现状绿地出入口局促、用地不完整的，结合道路系统完善、特色空间塑造，扩大用地规模；
◇现状绿地规模不足或配套设施不足的，需要扩大用地规模；
◇现状绿地周边污染和环境建设不协调用地应予以改造，优先转化为绿地。
（4）新建绿地
◇充分利用优越的自然条件、人文条件，显山露水，体现山水城林特色：
山——主要选择主城内起伏较大的山坡地。充分利用现有地貌及良好的植被资源，突出城市特色，避免大动土方，节约城市用地，保护城市山林。
水——主要选择主城内江岸、河岸和湖岸滨水地带。充分利用开敞空间，创造特色景观，改善城市小气候、满足城市防洪要求。
城——主要选择城市变迁遗留下来的各类名胜古迹用地和历史文化地段，加以改造和安置，建设各类名胜古迹公园。
林——主要选择山林地以外的花圃、苗圃、茶园、果林和竹林等加以改造和完善，发展各类绿地。
◇结合旧城改造、工业布局调整将一部分污染、危险工业仓储用地或者环境、生活质量恶劣的三、四类住宅用地转化为绿地。

◇结合城市更新,在主城内人口稠密、建筑密度高、绿地率低的地段,根据居民出游需要择地建设绿地,改善绿地分布和市民享有程度。

◇结合城市特色空间塑造,在主城内城市景观重点控制地区,择地建设绿地,进一步丰富城市景观。

◇结合城市生态网架建设,在主城内城市生态网络控制地区,择地建设绿地,进一步改善城市生态。

9.5.3.2 划定原则

(1) 其他四线

利用现状和规划的红线、蓝线、黑线、紫线确定绿线。

(2) 自然地貌

利用自然地形边缘和用地地面标志物确定绿线。

(3) 规划用地边界

利用规划用地中已确定用地性质的边界确定绿线。

(4) 平行距离、坐标定点等

9.5.4 合理分类

合理的城市绿地分类,其基本要求应是能客观地反映城市绿地功能投资与管理方式的实际发展,其理想的要求应是能推动城市绿地系统的内部结构,对城市环境绿化的发展起引导作用(图9.2、图9.3),遵循以下分类原则:

(1) 绿地分类须以其主要功能为分类依据,兼顾其管理特点

以城市绿地的核心功能为分类依据来区分绿地类型,有利于城市规划、城市绿地系统规划、详细规划及绿化建设管理工作,引导建设工作正确把握重点。

绿地分类兼顾其管理特点,有利于在新的条件下理顺绿地建设与使用的责、权、利关系。

(2) 包含城市范围内的所有绿化用地

按现行国标,城市用地中有两种绿地(公共绿地 G_1 和生产防护绿地 G_2)参与总体层次的城市用地平衡。事实上,除 G_1、G_2 以外,其他几类城市用地,从详细规划层次看,均含有相当比例的绿化用地,它们同样具有承载绿色植物,通过光合作用改善城市生态环境这一功能。因而,绿地分类应科学配置城市中的全部绿地资源。

(3) 确立城市周边地区"大绿化"的地位

城市绿地的分类,应有利于控制、引导绿化建设从城市外围大环境着手,为整治城郊结合部,引导城市绿地合理发展,从宏观上改善城市生态环境做出贡献。

为此,该规划将城市绿地分类如表9.5。按其主要功能分为三大板块:

第一板块 G_1+G_2 计入城市建设用地 G 的统计,直接用于城市总体规划层次的建设用地平衡。

第二板块 $R_0+S_0+G_0$ 分别包含在其他城市建设用地中,在城市用地平衡时不能计

入，但在计算城市绿地率时计入，用于详细规划层次的建设管理。

第三板块 $B_1+B_2+B_3$ 均处于非城市建设用地，不计入城市用地平衡及城市绿地指标，但它们对改善城市生态环境、游憩与旅游、城乡结合部综合整治及城市发展控制具有重大作用。故通过绿地分类将之纳入城市总体规划和城市绿地系统(专项)的控制范围内，以利于及早实施控制、保护或引导，确保城市能够在良好的大环境中持续发展。

表9.5 城市绿地分类和代码

说明：由于规划时间原因，本表部分内容与现行绿地分类标准有所不同。

按照绿地分类以及分区将现状、规划绿地编号、登记、造册。

分类代码—分区代码—编号（与第6章的地块编号略有不同）

9.5.5 控制引导

编制绿线规划和建设良好环境，确保人们生存需要的环境质量，必须要有一系列控制引导细则来约束绿色环境，保证城市绿化环境的综合效益和市民生活质量。

◇对各类绿地按性质分允许建设、经(规划局)核准允许建设、经(人民政府)审批允许建设三个层次进行土地适建控制引导。

◇对各类绿地按性质和规模控制引导其相应的常规设施。

◇对各类绿地按性质和规模控制其建筑密度和绿地率。

9.5.5.1 非特定意图地段

G_{11}公园

各类公园应参照《公园规划设计规范》依规模设置常规配套设施，其中城市主、次干道的市、区级公园主要出入口的位置，必须与城市交通和游人走向、流量相适应根据规划和交通的需要设置游人集散广场和停车场。

重点地区和特定意图地段的公园应遵守特殊规定或城市设计指导原则控制(见下一节9.5.5.2和9.5.5.3)，非特定意图地段应遵守以下规定：

G_{111}风景名胜公园

允许建设——常规设施(依规模参照公共绿地常规设施附表)

经核准允许建设——小型文化设施

经审批允许设施——小型公用设施

建筑密度<3%、绿地率>85%

G_{112}历史文化名园

允许建设——常规设施(依规模参照公共绿地常规设施附表)

经核准允许建设——小型文化设施

建筑密度<15%、绿地率>65%

G_{113}综合公园

允许建设——常规设施(依规模参照公共绿地常规设施附表)

经核准允许建设——小型文化体育设施

小型公用设施

经审批允许设施——基层管理设施

大型游乐设施

规划面积4~10 hm^2 建筑密度<8%、绿地率>70%

规划面积10~20 hm^2 建筑密度<6%、绿地率>75%

规划面积20~50 hm^2 建筑密度<5%、绿地率>75%

规划面积>50 hm^2 建筑密度<4%、绿地率>80%

G_{114}专类园

允许建设——常规设施

经核准允许建设——小型文化体育设施

小型公用设施

经审批允许设施——基层管理设施

　　　　大型文化设施

　　规划面积 4~10 hm² 建筑密度 <6.5%~15%、绿地率 >65%~70%

　　规划面积 10~20 hm² 建筑密度 <5%~15%、绿地率 >65%~75%

　　规划面积 20~50 hm² 建筑密度 <4%~14%、绿地率 >70~85%

　　规划面积 >50 hm² 建筑密度 <3%~13%、绿地率 >75%~85%

G$_{115}$ 主题园

　　允许建设——常规设施（依规模参照公共绿地常规设施附表）

　　经核准允许建设——小型商业服务设施

　　　　　　　　　　小型文化体育设施

　　　　　　　　　　小型公用设施

　　经审批允许设施——基层管理设施

　　　　　　　　　　大型游乐设施

　　　　　　　　　　大型体育设施

　　建筑密度 <15%、绿地率 >65%

G$_{12}$ 街头绿地

　　允许建设——常规设施（依规模参照公共绿地常规设施附表）

　　经核准允许建设——小型商业服务设施

　　　　　　　　　　小型文化体育设施

　　　　　　　　　　小型公用设施

　　经审批允许设施——基层管理设施

　　其中，绿化广场建筑密度 <3%、绿地率宜大于 50%，不足者以道路广场计；其他街头绿地建筑密度 <3%、绿地率宜大于 65%。

　　另外，重点地区和特定意图地段的街头绿地应遵守特殊规定或城市设计指导原则控制，其中与文物古迹结合的街头绿地：

　　允许建设——常规设施

　　经核准允许建设——小型商业服务设施

　　　　　　　　　　小型文化设施

G$_{21}$ 生产绿地

　　允许建设——园林建筑与小品

　　经核准允许建设——小型园艺生产科研设施

　　　　　　　　　　小型农林生产科研设施

　　　　　　　　　　小型公用设施

　　　　　　　　　　基层管理设施

　　　　　　　　　　农副业设施

　　经审批允许设施——园艺生产科研设施

　　　　　　　　　　农林生产科研设施

小型商业服务设施

市政公用设施

G$_{22}$防护绿地

允许建设——园林建筑与小品

经核准允许建设——小型公用设施

基层管理设施

农副业设施

经审批允许设施——小型商业服务设施

小型文化体育设施

社会停车场库

对外交通设施

市政公用设施

9.5.5.2 特定意图地段

以保护钟山风景名胜区、雨花风景名胜区、幕燕风景名胜区和明城墙风光带的系统性、完整性为原则，设立分级控制措施：

（1）一级控制措施

对于钟山风景名胜区、雨花风景名胜区、幕燕风景名胜区和明城墙风光带中自然资源、人文资源丰富，景观价值高的核心景区和有科学研究意义的自然保护区，实施一级控制措施：

◇严格保护景物、景点及其环境风貌的完整性。除原设施在修旧如故保持原貌前提下进行维修工程外，严禁增建与风景区无关的任何工程项目，对其一草一木，一山一石均应切实加以保护。

◇对景区内的自然和人文景点、古树名木，要建立说明牌和保护标志，以及养护措施，并建立档案保管制度。

◇制定保护维修古建筑、古园林的管理办法和长期规划及分期实施计划。

◇严格执行市政府关于古城墙保护的规定。

◇必须限期迁出有害文物和景区游人安全及有碍观瞻的单位。允许继续使用的单位，应与风景区管委会签订《文物保护合同》，承担文物保护和维修责任。

（2）二级控制措施

对于钟山风景名胜区、雨花风景名胜区、幕燕风景名胜区和明城墙风光带中自然资源、人文资源较丰富，具有一定景观价值的景区，可结合景观设立必要的游览和服务设施，实施二级控制措施：

◇景区内的树木应注意提高植物景观质量，对必须采伐、更新者，由风景区管委会统一管理，报市人民政府批准方可实施。任何单位、个人不得擅自砍伐。

景区内风景林要以人工造林为主，天然更新为辅。森林保护要针对森林病虫害防治、制止人为破坏和防止山林火灾三方面进行。

◇严格执行森林防火制度。

◇确因需要兴建或改建原建筑，必须经市规划局、市园林局、市文物局、风景区管委会审查，报市政府批准，并要求其形式、体量、高度、风格、色调与原建筑相协调。

(3) 三级控制措施

为一、二级控制范围以外的风景恢复（开发）区，可设管理区、生产区、居住区、后勤作业区，但不得建设破坏景观、污染环境的设施，实施三级控制措施：

◇坐落在农田中的石、墓葬文物，应在其周围划出适当面积的土地作为保护带和通道，以利保持文物原有的环境风貌。

◇风景区内不宜新建休疗养所、宾馆等，现有单位排放的废水、废气、废渣等要符合国家风景名胜区的排放标准。

◇风景区保护范围建筑高度应根据景观要求严格控制，在主要风景透视线上的建筑，其形式与高度也应加以控制。

◇生活区、后勤管理区一般宜设置在三级保护或三级保护范围以外的地区。

◇按国务院批准的范围竖立界桩，任何单位和个人不得侵占风景区土地，不得破坏风景林木、花草和文物。

(4) 四级控制措施

在风景区外围，能直接或间接影响风景区景观、水体、空气质量的地带，此范围内不得开山取石和建设与景观不协调的建筑和构筑物，一切建设应由风景区主管部门提出审查意见，由规划部门严格控制，实施四级控制措施：

◇对保护范围内的建筑要根据环境和景观要求，控制其高度，其体量和造型要和风景相协调。

◇对保护范围内所有污染企业，要限期转产为不影响风景区布局的无污染企业，对风景区上风向和汇水区范围内有污染企业，各项排放标准近期要达到国家级风景区规定的排放要求。对于技术上做不到符合排放要求的有污染企业，应予以强制性搬迁和转产。

◇发展绿肥，减少化肥和人粪尿的施用；发展生物防治技术，用以虫治虫、减少农药施用量等措施治理农业污染。

9.5.5.3 重点控制地区

根据南京绿地系统中绿地分布不均匀的现状，在主城区绿地系统规划中，提出部分地区的绿地率控制，以缓解部分地区城市用地中绿地较少的局面。

(1) 新街口绿地率控制区

规划区域为四环路周围，绿地率在现有基础上提高到10%，主要措施：

◇改洪武北路停车场为地下停车场和地上小游园。

◇保护好现有绿地；并将区域内单位绿地破墙透绿，丰富街道景观。

◇加强屋顶花园、人行天桥、沿路灯具及广场花台的布置，扩大绿视率。

◇将四环路内侧改作步行街，以花坛、花钵、花带、树林充实步行空间，提高绿地率和绿化覆盖率。

（2）山西路绿地率控制区：

规划范围南至大方巷，东到马台街，西至江苏路，北到虹桥。主要控制区域内的三十三中学、西流湾少年宫、军人俱乐部等绿地率控制在30%以上。同时，结合山西路广场东北侧改造；扩大西流湾公园面积，丰富绿地景观。

（3）鼓楼绿地率控制区：

规划控制范围南至汉口路、北到傅厚岗、东到高楼门、西至鼓楼街。区域绿地率控制在30%以上；其中鼓楼医院、十一中学等单位绿地率争取达到40%。同时，结合鼓楼广场三期工程，扩大广场西北向绿地；结合彩电中心工程，扩大广场东南向绿地，以丰富城市绿色中心的景观。

（4）夫子庙绿地控制区：

规划控制范围南到长乐路、北至建康路、东至城墙、西至中华路。区域内绿地率控制在20%以上。规划具体措施：

◇加强内秦淮河绿带建设，结合河道整治，扩大绿地范围，点带结合，丰富河道景观；

◇加强明城墙绿带建设；

◇保护好瞻园和白鹭洲公园绿地；

◇将第一中医院、红十字医院绿地率控制在30%以上；

◇扩大四周步行街范围，增加花坛、花带等绿地，完善街道景观空间。

9.5.5.4 居住区绿地（R_0）

居住区绿地是最接近居民生活的一类绿地，它覆盖面广，分布均匀，对城市的普遍绿化起着很重要的作用。规划要求从现存的"解困""安居"观念中解脱出来，以小康住宅的偶然市场行为走向必然的理想的健康居住环境，使更多的绿色空间渗透于生活中。

（1）绿地率规划指标

◇根据现有规定，参照国内外城市先进的居住区绿地率指标，规划建议：多层（4~6层）为30%以上，高层（8层以上）为40%以上，低层花园别墅为50%以上。

◇对于城市现有绿地率较低，达标改造（出新）有一定困难的居住用地，应经园林管理部门同意，将指标控制在15%以上，并严格控制其他影响生活质量的设施建设。

◇严格控制老城区改造中居住用地绿地率，改造后必须达到20%的指标。

（2）绿地规划设计要点

◇公共绿地

布局应尽量与居住区公共活动中心或商服中心相结合，以形成居住区的景观中心，便于居民日常活动和游憩。公共绿地应以植物造园为主，可设置一些文化体育设施，游憩场地，老人、儿童活动场地等。可利用灯饰、芳香型植物，创造夜晚景观特色，以适应居民多在早晚游园的活动特点。

◇组团绿地

绿地布置尽量与周围环境相协调,并满足通风、日照等卫生防护要求。对于外形相同的住宅,绿地应各有特色,增加识别性。在较大空间绿地上可布置简单的幼儿活动设施。

◇道路、停车场

居住区道路绿化景观应比城市道路更丰富;行道树可选用花果、色叶类为主的乔木,下植花灌木,形成花园景观道路。

对于地面停车场绿化应提高覆盖率,采用树林广场或嵌草铺装等形式;对于地下停车场,地面绿化可采取小游园形式,丰富居民室外活动空间。

(3)对现有绿地率15%以下居住区改造措施建议

◇增加绿地面积。首先要进行内部挖潜,充分利用可绿化用地,采用多种绿化方式进行绿化。并有计划地拆迁居住区附近有污染的单位,增加居住区绿地。

◇提高现有绿地的绿化覆盖率,增加乔木种植,提高绿地单位面积的叶面指数。配置采用生态园林形式,将乔、灌、地被结合,增加植物空间层次。

◇采用阳台、屋顶、墙面及居室的全面绿化,增加绿地率。

9.5.5.5 道路绿地(S_0)

道路绿地建设要继续保持南京"绿色隧道"的特色,加强道路的普遍绿化,确保道路绿地率指标。并在此基础上,重点建设园林路、景观街。

(1)绿地率规划指标

新建道路绿地率主干道不低于20%,次干道不低于15%的国家指标,重点建设绿地率>20%,设有≥3 m的道路中央花园带或绿化覆盖率>30%,植物配置精细,周围环境质量优良,形成一定的园林景观效果,反映城市特色的园林路。

(2)园林路

园林路在城市中占据轴线或具有透景作用,其绿地率>20%,设有≥3 m的道路中央花园带或绿化覆盖率>30%,道路垂直宽阔,植物配置精细,周围环境质量优良,形成一定的园林景观效果。

在现有园林路基础上,重点对以下道路进行改造和完善。

◇中山路(中山码头—中山门)

中山路园林景观西起中山码头,南至白下路,东至中山门,是中国近代史上具有历史意义的道路;它记载着国民革命和孙中山先生的足迹。全路共分为六个广场(热河南路广场、大桥南路广场、山西路广场、鼓楼广场、新街口广场、中山门广场),两个城门(挹江门和中山门)。

规划整改应结合中山路的历史内涵,做出具有较高文化价值的雕塑、小品充实其间,净化现有的商业广场气氛;并增加地被覆盖率,提高管养质量,将中山路做成全国独有的园林景观路。

◇城东干道

位于主城东侧，北起九华山，南至卡子门广场，道路中央约有 4 m 左右的花园绿带，两侧人行道有行道树。现有绿地率和覆盖率均达不到园林路标准。

规划整改结合周边单位改造，增加绿地；拆迁西华巷至公园路西侧（篮桥—大中桥）至秦淮河。开辟游园绿地，东侧军区、熊猫集团、金城厂等留出 3~5 m 绿地，并破墙透绿，增加道路景观，实现园林路的绿地指标。同时，在道路花园带中增设具有六朝古都文化内涵的园林小品，以此提升园林路的水平。

◇江东路（经四路）

位于主城西部，道路北起三汊河大桥，南至绕城公园连接线。道路绿地率经设计改造后达到园林路标准。规划在 3 m 以上的花园带中，点缀反映南京现代化建设和江滨城市特征的文化雕塑或园林小品，以进一步丰富园林景观，并起到画龙点睛的作用。

◇滨江路

位于主城沿江地段，道路东北起长江二桥南汊桥头公园，西南至绕城公路双闸码头，全长 24.2 km，是主城滨江绿带的纽带；道路贯穿城市生活、生产、运输等区域的路段，绿地率不得低于 20%，以保证整个滨江路园林景观的完美性。

◇河西滨江路

位于河西秦淮河西侧，为南、北向道路，道路北起三汊河桥南小游园，南至赛虹桥，全长约 8 km；规划利用其毗临外秦淮河的特点，将城市生活性干道建成有特色的园林景观路。

◇纬六路西段

位于主城西南，为东西向道路，东起水西门广场，全长约 4.5 km，规划在利用莫愁湖湖滨景观的同时，近期将其绿地率提高到 20%，结合路北绿带及步行道的建设，形成河西中心地区重要的景观通道。

(3) 景观街

在绿地率和覆盖率上低于园林路标准，主要是结合街道特性，增加绿化气氛，突出街道景观。

规划在主城区重点突出具有教育、科技、文化特色的学府路（成贤街、西康路）国立大学一条街、珠江路（城东干道至宁海路）科技一条街和长江路（西华巷—上海路）文化一条街作为景观特色街处理。

在保留各街特色的同时，规划在以下几个方面对三条街进行整治：

◇道路绿地

①行道树、分隔带强调统一、连续；

②街头绿地、楼前广场、绿化带提高开放程度，绿化配置形式多样，层次分明；

③树木大小、高低应与所在环境空间尺度相宜。

◇人行步道

①以行人尺度塑造空间，尽量增加人行面积；

②强调南北两侧人行步道的联系；
③强化各特色街道行人的活动特性。
◇街道景观小品与休闲设施
①营造具有强烈时代气息、场所感的景观空间和分布合理、造型独特的休闲设施；
②具有较强的识别性和较高档次、质量和艺术性。
◇照明系统
①根据街景要求，分段处理，重点突出，与整个街道空间相协调，造型美观；
②主要分为街道两侧行道灯，绿地庭院灯和广告灯。

9.5.5.6 单位附属绿地（G_0）

新建单位的绿化规划应高起点、高标准，根据部标规定，工业仓储、交通枢纽的绿地率不低于20%；污染企业不低于30%，并建设≥50 m的防护林带；机关院校、文化设施不低于35%。

◇公共设施绿地

根据南京市总体规划，"第三产业用地中公共设施用地增加约10 km^2左右，市中心区第三产业用地比重增加至70%左右"。近期规划用地约3 km^2，以绿地率30%计算，近期发展公共设施绿地90 hm^2；远期规划用地5 km^2；发展公共设施绿地150 hm^2。

◇工业设施绿地

根据南京市总体规划，"工业用地由33.4 km^2下降到31.4 km^2左右，人约工业用地指标由19.6 m^2下降到15 m^2左右；工业用地占城市建设总用地的比例由24.1%降低到16%左右"。因此，工业绿地在今后的发展过程中，在主城区会不断减少，绿地性质会发生转变。近期工业用地将减少0.8 km^2，其绿地率以20%计算，工业绿地将减少16 hm^2；远期将减少1.5 km^2，工业绿地将减少绿地30 hm^2。

现有单位附属绿地应在现有基础上加强保护，并逐步提高管养水平。对于未达标单位应积极争取达标；对于已达标，并具有较高绿地率的单位，规划建议破墙透绿；让院内绿色渗入城市景观之中。规划建议破墙透绿单位有：

◇北京东路上南京外国语学校、中科学地理所、古生物所、三十四中、公教一村。
◇中山东路上南京博物馆、南京军分区、南京机电学校、第二历史档案馆、军区总医院、熊猫集团等。
◇中山北路上南京铁路分局中心医院、省邮电管理局、省总会、建工学院、三乐总公司、区文化局、市第三医院、省人大等。
◇模范马路上南京化工大学、南京邮电大学和建工学院。
◇北京西路上省委、省政府、华东饭店、省测绘局等。

9.5.6 各类内容

9.5.6.1 公共绿地（G_1）

公共绿地规划应充分发挥南京山、水、城、林优势，根据公共绿地选址的必要性和可能性原则，选择用地扩大绿地，以适应城市及人口发展的需要。

公共绿地规划分为公园、街头绿地等(图9.4)。

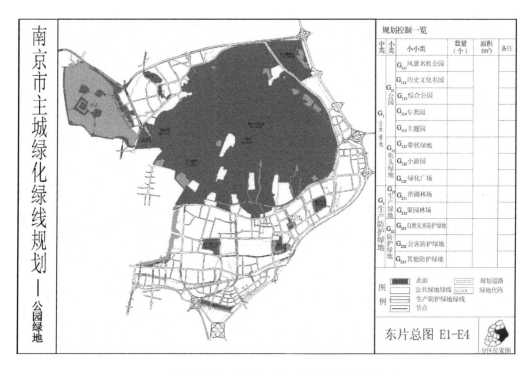

图9.4 南京市主城区东片绿化绿线规划指标控制导则图

(1) 公园(G_{11})

规划分为风景名胜公园(表9.6)、历史文化名园(表9.7)、综合性公园、专类园和主题园(表9.8)五类。

G_{111} 风景名胜公园

表9.6 风景名胜公园规划一览表

序号	代码	名称	面积 (hm²)	范围	矛盾	案卷	规划分区/行政区划	备注
1	G_{111}-C_1-01	狮子山公园	22.58	北至护城河，南至建宁路，西至热河路，东至护城河	南侧将木材加工厂家居大院、海军四一四部队医院纳入	①Ct93124 金融商业中心 下关区水关桥公铁立交指挥部 ②Ct96131 朝月楼综合楼 南京一江城镇基础设施开发公司 ③Ct92056 大桥南路两侧改造片 下关区开发公司 下关大桥南路两侧 ④Yd20000153 南京一江房地产开发总公司 朝月楼综合楼 南京建元房	下关分区/下关区	隶属明城墙风光带狮子山—定淮门段

(续)

序号	代码	名称	面积（hm²）	范围	矛盾	案卷	规划分区/行政区划	备注
2	G₁₁₁-C₁-02	绣球公园	21	北至建宁路，南至中山北路，西至热河南路		①Yd20010097（R）南京市经济实用住房发展中心 ②Ct95153 经四路补偿用地 南京飞江房地产开发公司 ③Ct93181 下关商场险房改造工程万江房地产开发有限公司	下关分区/下关区	隶属明城墙风光带狮子山—定淮门段
3	G₁₁₁-C₁-03	八字山公园	5.36	北至中山北路、西至明城墙、南至规划道路			下关分区/鼓楼区	原八字山小游园，隶属明城墙风光带狮子山—定淮门段
4	G₁₁₁-C₁-04	神策门公园	20.52			①Ct94009 公寓复建房 市建设发展总公司 ②Ct94008 高级公寓 市建设发展总公司 玄武龙蟠路玄武新村 ③Ct98031（R）南京市建设发展总公司	下关分区/玄武区	隶属明城墙风光带解放门—神策门段东部，东部隶属玄武湖分区
5	G₁₁₁-C₁-05	护城河公园	5.31				下关分区/鼓楼区	隶属明城墙风光带狮子山—神策门遗迹段
	略							

G₁₁₂ 历史文化名园（略）

G₁₁₃ 综合性公园

表9.7 综合性公园规划一览表

序号	代码	名称	面积（hm²）	范围	矛盾	案卷	规划分区/行政区划	备注
1	G₁₁₃-C₁-01	大桥公园	16.1	北至护城河，南至建宁路，西至热河路，东至护城河		①Yd990221（G）南京市防洪工程下关区指挥部 金陵乡泵站	下关分区/下关区	东部隶属上元门分区
2	G₁₁₃-C₁-02	建宁路公园	3.25	北至建宁路，南至中山北路，西热河南路			下关分区/鼓楼区	隶属明城墙风光带狮子山—定淮门段

(续)

序号	代码	名称	面积(hm^2)	范围	矛盾	案卷	规划分区/行政区划	备注
3	$G_{113}-C_2-01$	古林公园	20.85	西至十四所住宅，东至南艺，北至电视台，东至虎踞路		①Ct95137 业务用房 南京市园林规划设计院	山西路分区/鼓楼区	原八字山小游园，隶属明城墙风光带狮子山—定淮门段
4	$G_{113}-C_2-02$	清凉山公园	18.4	北至居住区，南至广州路，西至虎踞路，东至虎踞关路			山西路分区/鼓楼区	隶属明城墙风光带解放门—神策门段东部，东部隶属玄武湖分区
5	$G_{113}-C_3-01$	郑和公园	2.19	北至太平巷，南至白下区党校，西至无线电元件厂，东至长白街		①Ct97060 长白街中段道路拓宽工程 白下拆迁安置办公室	新街口分区/白下区	隶属明城墙风光带狮子山—神策门遗迹段
6	$G_{113}-C_4-01$	解放路公园	2.55	北至明御河，南至八宝东街，西至规划路，东至解放路		①Ct97160 拓宽补偿用地 白下区房产综合开发公司 ②Yd990001（R）南京市白下区房地产综合开发公司 二类居住用地 ③Yd980031（R）住宅商品房（以地补路）南京庆盛房地产开发公司	明故宫分区/白下区	
7	$G_{113}-S_1-01$	龙馥公园	13.77	西北起规划道路，东北起公安学校案子，西南至南京油脂化工厂，东南至警犬研究所及地铁复建房案子	东南出入口如何与用地协调两个方案：①通道留20M，剩4公顷建设备用地；②留足公园入口通道及停车场等附属用地。	①Yd20000047（C）：公安专科学校 ②Yd20000080（R）地铁复建房（康益）	雨花分区/雨花区	山上竹林景致优美
	略							

G_{114} **专类园**(略)

G_{115} **主题园**(略)

（2）街头绿地（G_{12}）

沿道路、河湖、海岸和城墙等，设有一定游憩设施或起装饰性作用的绿化用地，规划分为带状绿地、小游园和绿化广场。

G_{121} 带状绿地

表9.8 带状绿地公园规划一览表

序号	代码	名称	面积(hm^2)	范围	矛盾	案卷	规划分区/行政区划	备注
1	$G_{121}-C_1-01$	沿江带状绿地	34.64	北至长江大桥，南至三汊河，西至长江，东至滨江路		①Ct97150 南京港客运站 南京港务管理局	下关分区/下关区	
2	$G_{121}-C_1-02$	护城河带状绿地	13.41	北至建宁路，南至黑龙江路，西至狮子山，东至中央门		①Yd20000013（R）②Ct97039 金川门泵站工程 市排水管理处 ③Ct96083 办厂权 风帆南京蓄电池厂	下关分区/下关、鼓楼区	隶属明城墙风光带狮子山—神策门遗迹段
3	$G_{121}-C_1-03$	内金川河带状绿地	4.71	北至中山北路，西至明城墙，南至规划道路	①与案子的冲突 ②连续带状无法形成	①Yd2000022（te）②Ct92040 住宅 华阳房地产开发公司 ③Ct92144 楼子巷四期工程 鼓楼区城镇建设综合开发公司 ④Ct92104 商品房开发 南京华厦房地产开发建设有限公司 ⑤Ct96034 新门口住宅 南京开元经济开发公司	下关分区/鼓楼区	
4	$G_{121}-C_1-04$	三汊河带状绿地	3.90	三汊河北岸，西至长江，东至佳盛花园	与果品大市场的冲突	①Ct94009 公寓复建房 市建设发展总公司 ②Ct94008 高级公寓 市建设发展总公司 玄武龙蟠路玄武新村 ③Ct98031（R）南京市建设发展总公司	下关分区/鼓楼区	
5	$G_{121}-C_1-05$	明城墙带状绿地（西支）	40.21			①Ct96149 姜家园住宅小区 天江房产开发公司 ②Ct93174 金竹花园 金鹏房地产开发有限公司 ③Ct94095 住宅 运盛南京房地产开发有限公司	下关分区/下关区、鼓楼区	隶属明城墙风光带狮子山—定淮门段
	略							

G_{122} 小游园(略)

G_{123} 绿化广场(略)

9.5.6.2 生产防护绿地(G_2)

(1)生产绿地(G_{21})

园林苗木是城市绿化建设的物质基础。生产绿地是主城绿地系统中的重要组成部分。生产绿地必须增加生产绿地总量,调节苗木结构,丰富苗木市场。同时,也应加大国有生产绿地的建设,以适应城市绿化事业的发展需要。

(2)防护绿地(G_{22})

主城区内规划防护绿地包括自然灾害防护绿地、公害防护绿地以及城市高压走廊绿带、城市管线防护绿带、城市组团隔离带等其他防护绿地。

9.5.7 各片指标

整个南京市主城区可以划为中、东、南、西、北五个片区,各片区再细分为几个有代表性的区域,分别进行指标现状调查和规划控制。

9.5.7.1 中片(表9.9、表9.10)

表9.9 中片绿地现状一览表

中类	小类	细类	下关C1 数量(个)	下关C1 面积(hm²)	山西路C2 数量(个)	山西路C2 面积(hm²)	新街口C3 数量(个)	新街口C3 面积(hm²)	明故宫C4 数量(个)	明故宫C4 面积(hm²)	秦淮C5 数量(个)	秦淮C5 面积(hm²)	合计 数量(个)	合计 面积(hm²)
G_1 公共绿地	G_{11} 公园	G_{111} 风景名胜公园	2	25.5			2	18.66			3	11.84	7	56
		G_{112} 历史文化名园			1	6.02	3	4.63	2	8.76	1	0.81	7	20.22
		G_{113} 综合公园	1	7.07	2	39.92	1	1.65					4	48.64
		G_{114} 专类园												
		G_{115} 主题园			1	14.96			1	1.44			2	16.4
	G_{12} 街头绿地	G_{121} 带状绿地	5	14.28			2	2.69			2	2.58	9	19.59
		G_{122} 小游园	3	2.85	5	2.26	8	6	2	0.57	5	1.81	23	13.49
		G_{123} 绿化广场	4	3.19	1	5.98	6	7.84	1	0.14	2	2.03	14	19.18
G_2 生产防护绿地	G_{21} 生产绿地	G_{211} 苗圃花圃												1.45
		G_{212} 果园林场												
	G_{22} 防护绿地	G_{221} 自然防灾绿地												
		G_{222} 公害防护绿地												
		G_{223} 其他防护绿地												

表 9.10　中片绿地规划一览表

中类	小类	细类	下关 C1 数量(个)	下关 C1 面积(hm²)	山西路 C2 数量(个)	山西路 C2 面积(hm²)	新街口 C3 数量(个)	新街口 C3 面积(hm²)	明故宫 C4 数量(个)	明故宫 C4 面积(hm²)	秦淮 C5 数量(个)	秦淮 C5 面积(hm²)	合计 数量(个)	合计 面积(hm²)
G_1 公共绿地	G_{11} 公园	G_{111} 风景名胜公园	5	74.77			2	29.85	3	63.66	3	23.86	13	192.1
		G_{112} 历史文化名园			1	6.11	2	2.39	2	8.66	3	11.38	8	28.54
		G_{113} 综合公园	2	19.35	2	39.25	1	2.19	1	2.55			6	63.24
		G_{114} 专类园			1	1.13							1	1.13
		G_{115} 主题园			1	21.8			1	1.44			2	23.24
	G_{12} 街头绿地	G_{121} 带状绿地	6	100.4	2	19.08	4	11.25	9	46.28	5	56.42	24	233.4
		G_{122} 小游园	12	7.49	14	7.18	20	9.97	6	3.7	10	6.86	52	35.2
		G_{123} 绿化广场	8	17.56	4	8.68	13	12.2	2	1.53	5	10.11	31	50.08
G_2 生产防护绿地	G_{21} 生产绿地	G_{211} 苗圃花圃												
		G_{212} 果园林场	2	5.58									2	5.58
	G_{22} 防护绿地	G_{221} 自然防灾绿地												
		G_{222} 公害防护绿地	2	5.01							1	3.72	3	8.73
		G_{223} 其他防护绿地												

9.5.7.2　南片、北片、东片、西片(略)

9.6　小结

特大城市在区域发展中的核心地位和龙头作用毋庸置疑，应充分认识特大城市绿地系统规划的复杂性和系统性的要求。本章以南京市城市绿化绿线规划为例，针对特大城市绿线规划的特点，把主城区分为几大片区，集中抓城市各片区绿地的现状调查和研究分析，有针对性地找出矛盾解决问题，层层细化指标体系，最终形成完善科学的城市绿线管理规划。

（本章的资料和数据来源主要是南京市城市规划设计研究院 2001 年编制的《南京城市绿化绿线规划》，在此向本规划的编制人员表示感谢，特别感谢吴立伟先生和陶承洁小姐的真诚帮助。）

参考文献

[1] 程同升，张京祥. 南京大都市区空间发展战略选择[Z]. 江苏城市规划，2003，118(1)：21-23，28.

第10章

结 语
——在实践中实现绿线规划"有序"与"艺术"的完美结合

    由于绿线是城市规划管理中较新生的事物，涉及面广、管理难度大、各方对其认识也有较大的差异，大部分城市仍处在观望和摸索阶段，本书结合厦门、南京等城市编制城市绿地系统规划过程中绿线规划的制定与落实绿线的实际情况，探讨划定绿线的基础理论以及所应具备的条件和面临的一些问题。

10.1 绿线划定的基础条件

（1）具备完整的城市地形图

其精度应是等同于该城市的详细规划或地籍管理用地形图。城市绿地系统规划作为总体规划阶段的专项规划，其图则的比例一般为1:10000或1:20000，但是绿线是对于城市绿地边界的空间位置的控制界限，由于绿线的法律效力等同于城市建筑、道路等的红线，因此其划定的依据也应是与红线同等精度的地形图。通常情况下，用于划定绿线的基础地形图的比例应是1:100或1:2000，厦门市现状绿地和规划绿地的边界划定就是基于1:500的城市地形图。

（2）对城市现状绿地的准确调查

绿线可分为现状绿地控制线和规划绿地控制线，其中现状绿地应依据准确的现状绿地边界线，而规划的绿地即有依据于现状绿地调整后形成的绿地，也有在新建城区根据规划确定的绿地，因此准确的现状绿地边界对绿线的划定具有重要的意义。在进行城市绿地系统规划的过程中，可以利用1:2000航片和1:500地形图对城市现状绿地进行全面普查，并利用GIS系统建立了全市建成区现状绿地的数据库，其精度可达到1:500，这将为划定绿线提供坚实的基础。

（3）具备法定效力的规划成果

包括城市绿地系统规划、控制性详细规划、修建性详细规划等。规划成果是直接指导划定绿线的依据，绿地的布局必须符合规划的要求。《城市绿线管理办法》（以下简称

"办法")要求：城市绿地系统规划阶段应确定防护绿地、大型公园绿地等的绿线；控制性详细规划应当提出不同类型用地的界线、规定绿化率控制指标和绿化用地界线的具体坐标；修建性详细规划应当根据控制性详细规划，明确绿地布局，提出绿化配置的原则或者方案，划定绿地界线。由此可见不同阶段的规划是划定绿线的前提条件，如果规划的内容不确定，或者审批通过的规划不具备严肃性，被随意地更改，那么绿线就无从确定，直接导致的结果是规划管理部门和绿化管理部门"不敢"划定绿线，或划定的绿线也无法得到保障。

10.2 绿线规划实践中的一些误区

绿线由城市规划、园林绿化行政管理部门共同划定，绿线的审批、调整应按照《城市规划法》《城市绿化条例》的规定进行。城市绿地系统规划、控制性详细规划和修建性详细规划应依据各自的深度和要求，根据绿地的现状和发展划定绿线，但是由于绿线刚刚颁布实施，一些城市对其理解也有所不同，因此在实际贯彻中存在着一些误区。

误区之一，希望在城市绿地系统规划编制阶段就划定城市各类绿地的绿线。城市绿地系统规划为城市总体规划的专项规划阶段，该阶段的主要任务是根据城市性质、发展目标、用地布局等规定，科学制定各类城市绿地的发展指标，合理安排城市各类园林绿地的空间布局。《办法》要求：该阶段应划定防护绿地和大型公园等绿地的绿线，但是一些城市希望在该阶段就划定街旁绿地、各类附属绿地等绿线，实际上其意义不大，因为总体规划阶段的深度不足以划定出这些小型的绿地，尤其是附属绿地应在修建性详细规划、城市设计或者场地的总平面设计中落实绿地界限，绿地系统规划中对于这类绿地主要是以指标的形式进行控制。

误区之二，未进行详细的现状调查就直接进行控制性规划阶段的绿线划定。控制性详细规划明确了城市各类用地的面积与用地界限，因此从理论上讲，该阶段的成果可以直接指导公园绿地、生产防护绿地绿线的划定。但是在实际的操作过程中，由于对现场调查不够，控规规划的绿地边界往往与实际的情况有出入，尤其是一些既成事实的现状绿地边界没有得到充分的尊重，甚至变动较大。如厦门市莲前路片区绿线规划中，由于部分控制性规划道路的选线问题，使得相应绿地的边界需进行较大的调整，其实际的可操作性也值得商讨。诸如此类的情况在许多城市中都存在，因此利用控制性详细规划的用地界限来划定绿线，尤其是现状绿地绿线时，仍应对现场进行详尽的调查，并在规划的层面上进行调整。

误区之三，绿线的划定可以一蹴而就。前文已经提到，绿线的划定是根据不同的规划阶段而逐步落实的，在实际的操作过程中，也无法一次就划定全部的绿线。对应与绿地系统规划、控制性规划阶段划定的公园绿地、生产防护绿地和对应于修建性详细规划阶段划定的附属绿地，应随城市各片区的规划逐步落实，不能抛开各自相对应规划阶段的内容与任务，独立地划定各类绿线。

10.3 影响绿线划定的主要外部因素及今后研究方向

绿地是城市公益性用地中涉及面最广，用地面积最大的一个部分，牵涉财政投入、土地开发、城市景观形态、生态环境保护等多个方面。尤其是在现阶段，城市绿地建设仍是非营利性，以财政投入为主，其效益也是长期的，因此绿地是城市各类用地中最容易被侵占的用地类型。由于政府部门的干涉所造成的侵占绿地的现象也经常发生，因此政府对绿线的真正重视是划定绿线的一个重要外部条件。一些大中型城市往往由主管城市建设的副市长，甚至市长亲自担任绿地系统规划编制的领导组长来统一协调绿地的问题。从中可以看出，如果没有政府来统一协调规划、市政、土地开发、园林、环保、交通等各个部门，就很难全面地落实绿地界限。

绿线作为与红线具有同等法律效力的界限，其划定和管理还需要有一个规范的城市规划管理行为，包括依法划定、管理、监督绿线，依法对违反绿线的行为实施的惩罚等，还包括对于城市总体规划、控制性详细规划、修建性详细规划的尊重和依法保护。绿线作为依法保护各类绿地的界限，还应向社会公布并接受公众监督。

由于本人水平有限以及研究课题的范围并不宽泛，在一些涉及理论细节的论证与研究过程中难免会有纰漏和不足，例如分形—标度理论在具体案例中的简化应用与分析，进一步完善城市绿线规划评价体系，绿线规划控制如何在其他层面的绿地系统规划中有所体现等问题，都可以作为今后展开深入研究的方向和课题。毕竟城市绿线规划是以实践应用为导向的，所有系列的研究专题都是为了能更好地完善城市绿地系统规划，建设理想的城市景观环境。

现今，各地都已开始认真落实绿线规划与绿线管理制度，这对促进城市绿化建设、改善城市生态环境和景观质量必将起到积极的作用。但是由于绿线的划定贯穿了从绿地专项规划至修建性详细规划的各个阶段，涉及了用地权属和城市土地开发等诸多敏感问题，各城市都会有自己的特殊性。同时，对于任何一种规划方法，指望其在几年内就完善成型是不切实际的想法，必须根据国情和各地的实际情况，有所创造，有所发展，逐步使城市绿线规划完善、成熟，成为具有中国特色的城市绿地建设管理手段，真正实现"合理的艺术"与"整体的有序"，以及"有序的控制"与"艺术的管理"。

致　谢

今年上海的夏天是如此的炎热。

试想过博士论文的写作亦会是如此的艰难。在本书撰写过程中，有许多次感觉即将进入正题之际，忽然又莫名地陷入无从下手或自己也不甚满意的尴尬，就这样写写停停，历时已有两年。所幸在此期间，得到了许许多多人士的真诚帮助和关心，才能让我在这令人烦躁的季节里专心地完成论文。

谨此向所有支持和帮助过我的人表达我深深的谢意。

本人硕士阶段学位论文的题目为"转型期特大城市绿地系统规划"，研究方向很好，但由于诸多无法道来的原因，论文完成情况难言理想，实在有些愧对导师的栽培和期望。因此我心中一直希望能借博士论文研究的机会来弥补上这个缺憾。

我首先要向我的导师刘滨谊教授致以我最衷心的感谢和最诚恳的敬意！先生在中国景观教育界的地位毋庸置疑，他对中国景观教育事业的发展做出了极大的贡献，能成为他的一名学生是我莫大的荣幸。先生对我一直有种"恨铁不成钢"的遗憾，我知道正是因为关切之心越深才会期望得越高，但愿我现在的努力还来得及。感谢先生这么多年来不厌其烦的谆谆教诲和悉心指导；先生对国际国内相关专业发展的准确判断，使我的论文研究从选题、深入研究到实践参与都能比较顺利地展开；同时先生渊博的知识、敏锐的思维方式以及严谨的治学态度，无论我将来从事什么工作都会让我终生受益。先生也给我提供了各种机会参与实际规划项目，期间我参加了厦门市城市绿地系统规划、山西省运城市绿地系统规划、无锡市城市绿地系统规划等规划编制工作，从规划理论到实践领域都有了非常大的提高和收获。在这里我要再次向先生表达我的谢意！

论文写作的艰苦历程，越发让我认识到了他人的鼓励和帮助的重要与珍贵，这不是几句言语足以表达的。在此感谢我的同学姜允芳、陈威、李惠军、刘悦来、王敏、戴代新，以及其他诸多同学对我论文的关注和帮助。感谢王璎珞、王琦、余凌云、周进、许明、蒋昌舒、杨明国等好朋友长久的关心与帮助。感谢南京市规划设计研究院吴立伟和陶承洁两位对我论文写作的大力支持。感谢刘颂、陆居怡、李岚老师平时给予的关心与帮助。感谢刘颂老师和姜允芳的评阅。

还要感谢上海市园林设计院周在春先生，沈阳建筑大学石铁矛教授，同济大学钱锋教授、石忆邵教授在论文成稿过程中给以认真正确的指导和建议，特别要感谢台湾朝阳科技大学设计学院王小璘教授的真诚指导。还要感谢上海绿地（集团）公司胡京总建筑师在我论文写作过程中对我的帮助、督促和支持，并提出独到的建议。感谢上海绿地（集团）公司成都事业部张晓晖及其他同事就我的论文内容进行的沟通交流。感谢中国城市规划设计研究院严华、北京市城市规划设计研究院陈万蓉、厦门市城市规划设计研究院蒋跃辉和杨开发等朋友在调研过程中给予本人的大力支持。

最后，要感谢的是我远方的家人，我真的很想念你们。谢谢我的父母、姐姐、可爱的小外甥，没有你们长期以来对我的生活和学业的全力支持、理解和鼓励，我无法想象我是否能够将论文进行到底，是你们给了我完成学业的动力和勇气。

需要感谢的人实在太多了，以上难免遗漏，衷心感谢支持帮助过我的每一位老师、同学、同事和家人！

裘　江

2005 年 9 月 23 日

于上海·同济大学